啤酒经典及精酿

The beer classic & craft

至刚 ○ 著

中原农民出版社

· 郑州 ·

图书在版编目（CIP）数据

啤酒经典及精酿 / 至刚著 . —郑州：中原农民出版社，2017.5

ISBN 978-7-5542-1643-9

Ⅰ.①啤… Ⅱ.①至… Ⅲ.①啤酒酿造 Ⅳ.① TS262.5

中国版本图书馆 CIP 数据核字（2017）第 081652 号

啤 酒 经 典 及 精 酿

The beer classic & craft

PIJIU JINGDIAN JI JINGNIANG

出版：中原农民出版社

地址：河南省郑州市经五路 66 号　　　邮编：450002

网址：http://www.zynm.com　　　电话：0371—65788097

发行：全国新华书店

承印：河南安泰彩印有限公司

开本：710mm×1010mm　　1/16

印张：12.25　　　字数：159 千字

印数：1—4090 册

版次：2017 年 5 月第 1 版　　　印次：2017 年 5 月第 1 次印刷

书号：ISBN 978-7-5542-1643-9　　　定价：58.00 元

本书如有印装质量问题，由承印厂负责调换

序言
Preface

19世纪末啤酒开始进入中国，100多年来中国啤酒市场经历了长足发展，至2014年中国啤酒产量已经连续14年位居世界首位，但长时间内中国啤酒种类单一，清淡型拉格占据绝对统治地位。改革开放后，尤其是近十年，随着国际贸易的发展以及人们消费水平的提高，欧美啤酒大量进入中国，最早是德国啤酒，而后是比利时啤酒，现在世界主要啤酒品牌均已出现在中国市场上，消费者也逐渐接触到多彩的啤酒世界。

啤酒已成为现代生活中最常见的酒精饮料，但很多人对啤酒的认知仍存在很多欠缺甚至是误区。什么是啤酒？啤酒有多少种类？各种类型是如何发展的？为什么有很多修道院啤酒？同时，由于啤酒种类及品牌繁多，名称也不尽统一，也给消费者带来不少困惑。例如，最常见的拉格啤酒（lager），为什么有人叫它窖藏啤酒？拉格和艾尔（ale）啤酒有什么区别？什么是生啤酒？什么是熟啤酒？等等诸如此类的问题。

关于啤酒方面的中文书籍较少，除专业技术类外，在通俗读物中，有的偏重介绍啤酒历史以及工艺设备的发展历程，有的以问答形式对酿制原理、工艺、营养价值等方面进行陈述，有的从品鉴角度对啤酒类型及品牌进行介绍。而翻译出版的啤酒类图书，由于文化背景、表述方式、语言习惯、翻译水平等原因，可读性较差。

欧美国家啤酒市场成熟，啤酒文化发达，啤酒著作较为丰富，为啤酒爱好者提供全方位的参考。近年来国外精酿啤酒蓬勃发展，出现很多专业啤酒网站，对于历史、类型和品鉴有颇多论述。在这里将个人的积累和收获，以全面系统、通俗易懂的方式和广大爱好者分享。

本书在讲述啤酒历史及生产过程的基础上，从历史角度对啤酒类型及品牌演变进行介绍，让读者在纷繁的啤酒世界中把握住清晰脉络。啤酒品牌万千，口味差别微妙，只有真正知晓啤酒类型及品牌背后的故事，才能做出属于自己的品鉴。本书内容简洁，通俗易懂，图片丰富，感受直观。

由于资料和水平有限，尽管力求准确，但不免有不当之处，望批评指正，共同求真。

目录
Contents

Chapter 1

第一章

啤酒的发展历程

问起什么是啤酒，可能很多人会说，这还不简单，不就是酒瓶上标明的由大麦芽（有的还有大米或淀粉）、水、酵母和啤酒花酿制的酒精饮料吗？如果这么简单，可为什么啤酒口味千差万别？市场上大多数啤酒口味清淡，口感相似，毫无特别之处；有的却口感醇厚、泡沫丰富、香气浓郁，甚至还带有焦糖味、水果味；有的清亮透明，而有的却重如浓墨。为什么啤酒原料看似相同，却呈现出如此多的差异？这样看来，啤酒好像没那么简单。那么，什么是啤酒呢？

　　2008 年版中国国家标准对啤酒的定义：以麦芽、水为主要原料，加啤酒花（包括啤酒花制品），经酵母发酵酿制而成的、含有二氧化碳的、起泡的、低酒精度的发酵酒。维基百科上关于啤酒的定义：啤酒是一种酒精饮料，它是通过淀粉糖化和由此产生的糖类发酵而得到。两者的区别在于，前者原料里有麦芽和啤酒花，而后者只有淀粉，没有限定使用麦芽和啤酒花。这样看起来，啤酒的故事还有点复杂。在数千年人类历史中，啤酒的概念一直在发生着变化，只有了解啤酒历史，才能知道它真正的内涵。

一、啤酒初现

啤酒是人类历史上最古老的人工饮料，人们推测啤酒可能在新石器时代早期（大约公元前9500年），当人类刚开始种植谷物时就出现了。公元前7000年，中国就已经出现了一种由大米和水果制成的发酵饮料。公元前4000～前2000年定居在两河流域的苏美尔人文字中也有关于啤酒的记载。考古学家在伊朗西部扎格罗斯山脉的人类遗迹中发现了公元前3500～前3100年大麦啤酒的化学证据；1974年在叙利亚埃勃拉出土的刻有文字的黏

▲ 古希腊壁画

土片，表明公元前2500年当地已经在酿造啤酒。根据考古发现，很多人认为美索不达米亚平原是大麦啤酒的发源地。

早期人类是如何发现并开始酿制啤酒的呢？空气中存在着各种微生物，其中就包括酵母，含糖物质在酵母作用下发酵，产生酒精（乙醇）和二氧化碳。水果中含有大量糖分，很容易产生自然发酵，因此我们会发现腐烂的水果有

时候会带有一股酒味。谷物自然发酵的条件要苛刻些，首先谷物的成分主要是淀粉，而淀粉不能直接被酵母利用；其次谷粒表皮坚硬，酵母不能轻易侵入。古人经常将谷物存储在罐子里，当谷物受潮后，表皮软化，如果温度适宜，谷粒开始发芽，发芽时会产生多种生物酶，淀粉在酶的作用下转化为糖类，飘浮在空气中的酵母进入罐中，侵入发芽的谷物，引起发酵，罐子里出现黏稠的粥样物质，这就是古代最原始的啤酒。原始啤酒能解除疲劳并让人兴奋，给古人带来从未有过的体验。为得到更多啤酒，古人就必须尽可能多地获得谷物，并将它们储存在陶罐里。迁徙狩猎的生活方式并不适宜收集更多谷物，而定居下来则便利得多。那么这里有一个问题，人类是首先定居下来，然后发现了啤酒，还是为获得更多啤酒而选择定居？对于这个问题，许多人类学家认为酿酒是人类选择定居的一个重要原因。人类定居生活，开始食用粮食和啤酒，从而有更充裕的时间发展各种技术，最终促进人类文明的发展。

啤酒在美索不达米亚起源后，如何传播到欧洲的呢？古代凯尔特人曾分布在德国东部的广大地区，最远可能在土耳其境内，公元前 3000 年左右凯尔特人将啤酒酿制技术从中东带到欧洲，并随着迁移而四处传播，在他们定居过的波西米亚比尔森和比利时拉比克地区，时至今日还残留着过去酿酒的遗迹。

5 世纪时，欧洲大陆日耳曼人的一支——盎格鲁 - 撒克逊人开始移居英国，将他们喜爱的饮料——啤酒带到了不列颠，盎格鲁 - 撒克逊人将这种酒精饮料叫作 ol 或者 ealu（德语词汇），这些词最终进化成 ale——艾尔。从 6 ~ 7 世纪开始，啤酒（beer）这个词也被盎格鲁 - 撒克逊人使用。beer 源自拉丁文，大意是"饮料"，啤酒在当时就是饮料的同义词。

6 世纪时，法兰克人、撒克逊人、巴伐利亚人平静地生活在现今德国的土地上，酿造啤酒成为最普通的家务劳动，啤酒是日常饮食的主要部分，午后女人们经常请邻居到家里喝杯啤酒，把面包泡到啤酒里，类似今天的下午茶。

6 世纪后生活在欧洲中部的人们开始皈依基督教，封建制国家开始出现。政治和宗教成为一对好搭档，朝廷负责修建道路、征税、训练军队，而教会负责维护社会道德、开办学校和医院。领主（或国王）严格地控制着主要经济活动，他们垄断了磨坊、啤酒作坊、面包房等，禁止民众私自酿酒，将酿酒权授予修道院等少数人，11 世纪时，本笃会（Benedictine）修道院几乎垄断了德国啤酒的生产和销售。

在德国除领主和教会以外，社会上还有第三股力量——市民阶层。市民阶层住在城堡里进行军事训练，帮助领主抵御外来侵略，在这些军事重镇里，形成了与乡村完全不同的社会环境，领主授予市民酿酒权，并允许他们在城堡 1 英里范围内销售。12 世纪，领主为了增加收入，开始从教会手中收回酿酒权自己开办酒厂，引发教会激烈抗争，在此期间市民酒厂则不断完善生产，以高质量啤酒在市场上开创了新局面，在其后几个世纪里，市民酒厂几乎垄断了德国啤酒市场。而后，市民商人建立起横跨欧洲大陆的贸易网络，啤酒成为继矿产、皮毛和干货后的第四大商品，成为人们日常生活中最常见的消费品。中世纪的啤酒除使用谷物原料外，为改善口味和提高强度，还会加入水果、蜂蜜、各种香料以及一些有麻醉作用的植物，但它们与现代啤酒最大的区别在于啤酒花。

二、当啤酒遇见啤酒花

啤酒花（英文名 hop），别名忽布、蛇麻花、酒花，是一种多年草本蔓生开花植物，原产于欧洲、西亚和北美，在中国新疆维吾尔自治区北部也有野生分布。啤酒花的拉丁文名字是 *Humulus lupulus*，大意可以翻译成土地之狼（the wolf of the soil），其根系扩展迅速，蔓可以生长到 6 米以上。人类利用啤酒花的历史较为久远，古巴比伦文字中已有啤酒花种植的记载，古罗马人还食用啤酒花植株的嫩

▲ 啤酒花

芽，由于具有抗菌消炎作用，人们一直将啤酒花作为草药使用。啤酒花雌雄异株，酿造啤酒所用的是雌株的花，呈球果状，含有酒花树脂和酒花油。

中世纪时，欧洲领主和修道院拥有很多较大规模的酿酒作坊，利用燕麦、大麦和小麦等谷物酿制啤酒，为延长保质期，啤酒中会加入一种由多种香草组成的混合物——古鲁特（gruit），通常含有香杨梅、艾叶、欧蓍草、迷迭香、苦薄荷、石楠等，根据需要的口味和效果，古鲁特成分和配比也相应改变。

中世纪后期，古鲁特中开始出现啤酒花，人们逐渐发现啤酒花不但能够增加苦味，平衡口感，增进食欲，而且还可以明显延长保质期，于是啤酒花被广泛使用，并逐渐取代其他香料。

最早关于大规模种植啤酒花的记载出现在查理曼大帝父亲丕平三世[1]的遗嘱中，其中有如下描述，"将 768 个啤酒花种植园留给圣·丹尼斯修道院"。最早在文字中提到在酿酒中使用啤酒花的是德国宾根地区鲁伯斯堡修道院女院长希尔德嘉（Hildegard, 1098—1179），她经常饮用啤酒，活到 81 岁，在那个时代非常少见，人们认为她的长寿和啤酒有极大关系，她写到："如果想要使用燕麦酿造啤酒，你要准备好啤酒花。"12 世纪后，啤酒花被正式应用到德国啤酒中，诞生了现代意义上的啤酒（beer）。14 世纪法国、荷兰等地区开始使用啤酒花，传入到英国的时间则要晚些。

1400 年荷兰人和佛兰德商人把啤酒花带到英国，在一段时间内英国有两种啤酒共存：加入啤酒花的啤酒（beer），未加入啤酒花的艾尔（ale），苦啤酒和甜艾尔在英国进行了长期争斗。英国国王亨利八世命令宫廷酿酒师永远不要使用啤酒花，一些市镇干脆禁止种植这种"邪恶的有害杂草"。1520 年左右肯特郡开始种植啤酒花，英国人逐渐接受了啤酒花啤酒，久而久之所有啤酒都加入了啤酒花，啤酒和艾尔这两个词在英语中变成了同义词。

今天人们培育出很多啤酒花品种，酿酒师根据不同啤酒口味选取不同啤酒花。比较流行的品种有：英国的福格尔（Fuggles）、格尔丁（Goldings），比

---

[1] 丕平三世:（Pepin III, 714 年 – 768 年 9 月 24 日），又称矮子丕平（Pepin the Short），法兰克国王，是查理曼大帝的父亲，加洛林王朝创建者。

利时的诺恩道（Northdown），德国的哈勒陶（Hallertau）、泰特南（Tettnang），捷克的萨兹（Saaz），美国的卡斯卡特（Cascade）等。

今天啤酒花成为啤酒不可或缺的成分，现代科学证明啤酒花在啤酒生产中有非常重要的作用：①使啤酒具有清爽的芳香气、苦味，香与苦并存，是啤酒魅力所在。不含啤酒花的啤酒发甜，而苦味可以平衡甜度。②作为一种天然防腐剂，延长保存期。③形成丰富泡沫。啤酒花中的异葎草酮与麦芽中的起泡蛋白作用，形成泡沫。④澄清啤酒。啤酒花可将麦汁中的蛋白质络合物析出，使酒体清亮。

三、啤酒纯净法

15世纪神圣罗马帝国统治着现今德国的土地，德意志联邦还没有形成，巴伐利亚地区出现很多酿酒作坊，产量越来越大，酿酒所用的谷物种类繁多，包括大麦、小麦、燕麦、黑麦等。为了延长保质期，酿酒师将成分复杂的古鲁特加入到啤酒中，有的甚至包括天仙子、荨麻等有毒物质，啤酒口味因此变得五花八门，质量参差不齐，有的还会对人体造成伤害；同时，酿酒消耗了大量谷物，引起小麦和黑麦供应紧张，带动面包价格上涨。为了统一啤酒质量，平抑面包价格，1516年4月23日巴伐利亚公爵威廉四世（Bavarian Duke Wilhelm IV）在议会上颁布了一项法令，规定酿造啤酒只能使用3种原料：水、大麦和啤酒花。同时为啤酒设定了价格：1巴伐利亚升售价不能超过1芬尼，并明确规定如果有人违反，政府将没收其生产的啤酒。法案中没有提及酵母，因为那时人们根本不知道酵母的存在，酿酒师只是根据经验，将上次发酵的沉淀物投入到麦芽汁中。

威廉四世颁布的法案名称并不是啤酒纯净法，而是"Surrogatverbot"（surrogate, or adjunct, prohibition，替代物或添加物禁止法案），这个法案在其后的数百年内经过多次修订。1918年3月4日，巴伐利亚国会议员汉斯（Hans Rauch）在关于啤酒税收的辩论中首次提出了啤酒纯净法这个名字（Reinheitsgebot, Purity Law），1952年纯净法的主要原则被纳入西德的啤酒税收法案，该法案于 1993 年被德国临时啤酒法案（Provisional Beer Law）取代。

啤酒纯净法在巴伐利亚和德国其他地区执行不同的版本，巴伐利亚地区更严格。在巴伐利亚，底层发酵啤酒只能使用大麦芽、啤酒花、酵母和水，而在上层发酵啤酒中则可以使用小麦麦芽和黑麦麦芽。在其他地区，纯净法对于底层发酵啤酒则相对宽松些，允许添加纯净蔗糖、甜菜糖、转化糖、改性淀粉糖以及由上述糖类制成的调色剂。把 1516 年的法案说成是德国啤酒纯净法并不准确，当时德国并不存在，实际上在德国北部，1873 年的德国帝国法律允许使用麦芽的替代品，比如大米、马铃薯淀粉，并且对这些酿酒原料征税。

1871 年德国统一，巴伐利亚州要求在全国实施啤酒纯净法，尽管其他州强烈反对，但法案还是从 1906 年起在德国全境施行。纯净法使很多德国传统啤酒酿造方法和地方品种消失，例如北部的香料啤酒、樱桃啤酒，并导致比尔森风格统治了德国，经德国国王特许，少数地方品种得以幸存，包括科隆啤酒和杜塞尔多夫"老啤酒"。

在德国，如果酒厂不执行纯净法，其生产的"啤酒"可以销售，但是不能称为啤酒（bier）。1987 年欧盟法院裁决，纯净法违反了欧盟自由贸易条款，未按纯净法生产的进口啤酒可以在德国以"啤酒"名义销售。而德国酒厂则遵守国内法，在国内销售的啤酒必须按照纯净法进行生产。现在德国除巴伐利亚州以外，出口海外的啤酒可以不执行纯净法，但巴伐利亚酒厂仍然执行着严格版纯净法。

啤酒纯净法在德国啤酒史上有重要意义，可以说是德国最早的产品质量法和消费者保护法。纯净法在当时有效地保证了啤酒质量，保护了消费者利益，客观上培育了市场。

▲ 德国啤酒纯净法原文

四、大麦

啤酒纯净法施行后几百年间，大麦逐渐成为世界范围内啤酒的主要原料。为什么是大麦，而不是其他谷物？让我们先来认识一下大麦。

大麦（英文名 barley）是人类最早种植的谷物之一，也是世界上分布最广的农作物之一，生长在从亚寒带到亚热带的广阔地域内，俄罗斯、澳大利亚、德国、土耳其和北美洲都有种植，中国西藏的藏青稞是大麦的一个变种。大麦主要用于制造动物饲料、酿造啤酒和蒸馏酒以及用于人们食用。

▲ 大麦

大麦的主要成分是淀粉，其次是蛋白质、纤维素和脂肪。根据麦粒排列状况，大麦分为二棱和六棱大麦。二棱大麦颗粒饱满，淀粉含量多，蛋白质含量低。二棱大麦多用于酿制英式艾尔；六棱大麦多用于酿制美式拉格。大麦不能够直接用于酿酒，首先要发芽成大麦芽，发芽过程中产生多种生物酶，淀粉在酶的作用下转化为可发酵糖类，这个过程叫糖化。

使用大麦酿造啤酒有以下优势：①易于发芽，发芽过程中产生多种生物酶，包括淀粉酶、糖化酶、蛋白水解酶，麦芽汁更容易转化为糖类。②蛋白质含量较低。如果蛋白质含量过高，啤酒会出现浑浊，品质不稳定，不易储存。另外，拉格出现后欧洲消费者更喜欢颜色清亮的啤酒，大麦啤酒相对来说更清澈。③谷壳容易脱落，大小适中，可以作为麦汁的天然过滤层，小麦谷壳则容易堵塞过滤设备。④不是人类主粮。大麦虽然与小麦营养成分近似，但纤维素含量高，谷蛋白（一种有弹性的蛋白质）含量少，不适合做多孔面包，在中世纪欧洲大麦或黑麦制作的面包被视作劣质食物。

五、酵母成全了啤酒

酵母是真菌类单细胞微生物，广泛存在于空气、土壤和水中，在有氧或者无氧环境下都能生存，在无氧环境下，酵母通过将糖类转化成为二氧化碳和酒精来获取能量。

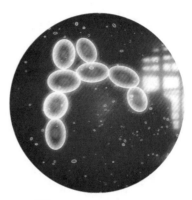

▲ 酵母

人类很早就知道发酵现象并加以利用，公元前 3000 年，埃及人就掌握了制作发酵面包的技术。在温暖潮湿的环境下，空气中的酵母使面团膨胀继而变酸。发酵面团烤制的面包松软、多孔、香气浓郁，这是酵母对人类最重要的贡献之一。

在很长时间里，人们并不知道发酵的原因，经过长期观察，人们感觉到是空气中的某种物质引起的这些反应。在不了解发酵确切原理之前，谷物变成啤酒，葡萄变成红酒都是不可思议的事情，人们甚至认为酒是神灵送来的礼物。

在 15 世纪前，欧洲大陆啤酒发酵的方法都是上层发酵法。在酿酒过程中，容器上部会形成大量泡沫，泡沫散去后表面漂浮着黏稠状物质，人们将它们回收并用于下一次发酵，这样各批次啤酒的品质基本上能保持一致，人们将这些物质称为酵母。

15 世纪，德国巴伐利亚的教士们发现在夏季酿制啤酒非常容易变质，猜测这一定和温度有关系，于是将发酵中的啤酒放到凉爽的洞穴中，并在储酒罐周围堆满冰块。低温下酵母活性减弱，发酵过程变得缓慢，一些酵母沉到容器底部，上部厚重的黏稠物不见了。经过多次尝试，教士们分离出沉到底部的酵母，发现用底层酵母在低温下酿制啤酒，生产过程变得更加稳定。在德语里 lager 是窖藏的意思，久而久之用低温方法酿制的啤酒被叫作拉格（lager）。

尽管人们一直使用朴素的办法培养和使用酵母，但是始终没有弄清楚它到底是什么，为什么能引起发酵，直到显微镜的出现。1680 年荷兰人列文虎克用显微镜在啤酒中发现了圆形的微小物体，这也许是人类第一次真正看到酵母菌，但他不知道这些物体是活的生物。1857 年法国化学家路易·巴斯德发现酵母是一种微生物，能够把糖分解成酒精和二氧化碳，首次揭示了发酵过程是微生物作用而不是化学反应，并发现啤酒变质是由有害微生物引起的。巴斯德彻底改变了酿酒业，酿酒变成了科学，变成了人为可控的生产过程。

1883 年丹麦嘉士伯公司首次分离出纯种酵母菌株，命名为"嘉士伯酵母"，使用纯种酵母生产的啤酒在口味上保持高度一致，在啤酒历史上首次解决了品质稳定性问题。1886 年荷兰喜力公司也分离出超高质量的酵母菌株——喜力 A 酵母，今天嘉士伯和喜力使用的酵母依然是当年菌株的后代，喜力公司还将酵母销售给世界各地的啤酒厂。

六、修道院和啤酒

在啤酒发展历史和各国啤酒品牌中，经常会出现修道院的身影：修道院率先使用啤酒花，修士们发现了下层酵母，修道院啤酒备受推崇……为什么修道院对啤酒发展有如此大的贡献呢？

首先让我们来看看基督教对酒的态度。基督教不反对饮酒，恰恰相反，酒在基督教中占有重要地位，尤其是红酒。基督教视红酒为圣血，在《圣经》中出现 521 次。旧约全书中，把红酒和面包描绘成上帝给人类的礼物，酒还是治疗疾病的手段。在新约全书中，耶稣第一个神迹就是把水变成红酒，在婚宴上变出了最好的美酒；在最后的晚餐中，耶稣对门徒们说过红酒是他的血，并许愿会在天国里和他们一块享用美酒。正因为红酒和耶稣的血肉联系，种植葡萄和酿制红酒成为修道院最重要的工作之一，但在欧洲北部由于气候原因，不适宜葡萄生长，修道院就地取材用谷物代替葡萄，啤酒成为红酒的替代品，成为欧洲北部修道院的日常饮料。

在中部欧洲，很长时间内封建领主剥夺了普通人酿酒的权利，只允许修道院和少数人生产啤酒。教士们发现啤酒营养丰富，是名副其实的液体面包，在不允许吃固体食物的斋戒期内，啤酒成为他们最好的营养来源。修道院是教育和学术中心，教士们受过良好教育，有充足的时间和资源用于研究和改进生产，啤酒质量得以不断提高。

　　作为一种慈善行为，修士们经常把剩余的啤酒和面包分给周边的穷人和朝圣者。由于品质上乘，人们对修道院啤酒的需求量逐渐增加，修道院酿酒规模不断扩大，一些修士成为专职酿酒工人。修道院大多都坐落在朝圣路线上，起初对朝拜者和游客提供免费食宿，但由于人数越来越多，逐步开始收费，修道院将部分收入投入到啤酒生产上，促进产量和质量进一步提高。另外，修道院有自己的农田和劳动力，不需要缴纳税负，这些优势使酿酒规模不断扩大。11世纪时，德国修道院啤酒迎来全盛时期，全国有500家修道院酒厂，其中有300家在巴伐利亚州。

▲　比利时奥威修道院

七、现代啤酒诞生

神圣罗马帝国皇帝查尔斯五世赋予了城市极大自由权，包括制定法律、发行货币和征税等，因此城市经济发展迅速，大量农民进入城市，成为新兴工商业的劳动力。城镇里大多数建筑都是木质的，一旦失火整个城镇都将会被波及，因此政府禁止在家里烤面包和酿酒，建起石制公共面包坊和酿酒作坊供人们轮流使用，不久很多作坊发展成商业酿酒厂。

12 世纪德国商人成立汉萨联盟，与其他国家进行贸易，大量啤酒通过德国北部不莱梅港出口。商人们发现生产啤酒比贩卖啤酒获利更丰厚，于是不莱梅港附近出现了很多酒厂，至 14 世纪末，欧洲大多数啤酒都产自不莱梅。汉堡后来居上，逐渐成为不莱梅最强劲的对手，1376 年汉堡有 457 家酒厂，1526 年增长到 531 家，年产量大约是 2 500 万升，啤酒行业雇用了城市一半的工人。

德国北部啤酒业发展很快，质量和产量上都超过南方，北方啤酒在巴伐利亚受到欢迎，而本地啤酒业却发展缓慢，1569 年慕尼黑仅有 53 家小型酒厂。巴伐利亚人开始向北部酒厂学习，1590 年巴伐利亚公爵威廉四世（Duke Wilhelm V）开办皇家酒厂，1612 年公爵马克西米利安一世（Maximilian I）从艾恩贝克（Einbecker）请来酿酒师，生产出大受欢迎的鲍克型拉格。由于战争等原因，1669 年汉萨联盟解体，北部啤酒工业出现停滞，巴伐利亚酿酒业蓬勃发展，市民阶层的商业酒厂逐渐超越修道院和皇室酒厂，在技术进步的带动下，巴伐利亚凭借着不懈努力最终成为德国最重要的啤酒产地。

1714 年华氏发明了温度计，人们可以在酿酒过程中准确测量温度；1818 年诞生了间接式热空气干燥炉，取代了直接烘烤干燥法，首次制造出淡色麦芽；1857 年路易·巴斯德发现了发酵原理；1890 年嘉士伯公司培养出纯种酵母菌株，同一年，英国科学家奥沙利文发现了酶的工作原理；1873 年林德发明了制冷机，酒厂从此可以全年生产拉格；1878 年巴伐利亚人恩奇格（Enzinger）第一次使用过滤设备，啤酒变得清澈，延长了保质期……一系列发现和发明使酿酒业从手工业转变成为依靠科学和技术的现代工业。

技术上的进步，尤其是蒸汽机和制冷机的应用，将啤酒工业变成资金密集型产业。铁路出现后，啤酒可以在更大范围内销售，小酒厂不断地被冲击和兼并，行业集中度进一步扩大。据记载，1819 年慕尼黑有 35 家酒厂，1865 年则不超过 15 家，1900 年只剩下几家大酒厂，比如 Augustiner, Löwenbräu, Paulaner-Salvator-Thomasbräu, Spaten-Franziskanerbräu, Staatliches, Hofbräuhaus 等，即使是今天，慕尼黑市场上超过一半的啤酒也来自上述几家。

英国在 19 世纪末也进入啤酒的黄金时代，大量资本流入到啤酒行业，1880 年仅伯顿地区就有几十家啤酒厂，英国的巴斯、吉尼斯、杨格等酒厂大量向海外出口啤酒，获得较高国际声望。1876 年巴斯成为世界上规模最大的酒厂，同年注册了英国历史上第一个商标。19 世纪末，几家大公司生产了英国 90% 的啤酒，拥有全国 90% 的酒吧，啤酒行业被牢牢掌握在少数公司手里，生产方式发生了极大变化。

▲ 啤酒生产线

Chapter 2

第二章

啤酒生产及供应

第一节 | 生产过程

1. 麦芽制作

　　大麦里的淀粉不能直接被酵母利用，大麦要先制成大麦芽，在发芽过程中产生的生物酶将淀粉转化为糖类。麦芽制作就是把大麦变成麦芽的生产过程，也叫制麦。

▲ 制麦车间

制麦要经过以下几个步骤：

（1）浸麦。大麦发芽的前提是要有足够水分，大麦需要进行浸渍。浸渍后大麦所含水分百分比叫作浸麦度，一般浸麦度在41%～48%。

（2）发芽。发芽有两个目的：一是形成各种生物酶；二是使大麦中的淀粉、蛋白质、半纤维素等高分子物质部分溶解，以利于糖化。在一定温度范围内，温度越高发芽越快，一般分为低温发芽、高温发芽和低高温结合发芽三种方式。低温发芽一般将温度控制在12～16℃，适宜制作浅色麦芽；高温发芽温度控制在18～22℃，适宜制作深色麦芽；对于蛋白质含量高的大麦，采用低高温结合法发芽。

（3）鲜麦芽干燥。未经干燥的麦芽叫作绿麦芽，或者叫鲜麦芽，鲜麦芽需要进行干燥和焙焦。干燥有三个目的：①使含水量降至2%～5%，麦芽停止生长，生物酶停止作用。②产生香气。③去除麦根。麦根有苦味，如带入啤酒中将产生杂味。

2. 麦汁制备

麦汁制备需要经过如下几个步骤：

（1）麦芽粉碎。麦芽粉碎后，增加了和水以及酶的接触面积，能加速淀粉等物质溶解及酶反应过程。现代啤酒厂通常采用湿法粉碎，将麦芽浸泡后增加含水量，然后进行碾磨，这样粉碎较为均匀，有利于糖化。

（2）糖化。麦芽粉碎后加入温水，利用麦芽自身产生的多种酶，将淀粉和蛋白质等分解为可溶性低分子物质。糖化过程后不可利用的固体物质叫麦糟，含有麦糟的混合液叫作糖化醪，过滤掉麦糟后的液体称为麦芽汁，也叫麦汁。麦汁主要由各种可发酵的糖类（麦芽糖、葡萄糖等）、非发酵性的糊精、蛋白质和矿物质组成。

（3）麦汁过滤。糖化过程结束后，要在最短时间内把麦汁和麦糟分离，这个过程叫作糖化醪过滤。麦糟一般含有残留的皮壳、高分子蛋白、纤维素、脂肪等。麦汁过滤分为两步进行：第一步是以麦糟为过滤层，利用自然过滤方法提取麦汁，称为第一麦汁或过滤麦汁，也称为头道麦汁。开始滤出的麦汁浑浊不清，要进行再次过滤，直到得到澄清原麦汁。第二步是利用热水冲洗麦糟，提取出残留麦汁，称为第二麦汁或洗涤麦汁。

3. 麦汁煮沸和酒花添加

（1）麦汁煮沸。麦汁煮沸的目的：①蒸发多余水分使麦汁达到规定浓度。②对麦汁进行灭菌，破坏酶活性，稳定麦汁成分。③溶出酒花有效成分，增加香气和苦味，促进蛋白质凝固析出，提高啤酒稳定性。煮沸过程中，酒花树脂发生异构，产生异 a- 酸，是啤酒苦味的主要来源，析出的酒花油为啤酒提供了特有香气。由于酒花油沸点低容易挥发，因此酒花一般需分多

▲ 酒花颗粒

次添加。

（2）酒花添加。酒花添加一般分 3 次进行。初次煮沸 10 分钟后添加 1 次，20 ~ 30 分钟添加 1 次，煮沸结束前 10 分钟添加 1 次。

添加的酒花有以下几种形式：

（1）整酒花。直接从植物上采集的啤酒花，这种酒花香气浓郁，成分完整，价格较贵。

（2）酒花粉。将酒花粉碎后制成的粉末。

（3）酒花颗粒。酒花粉碎后，挤压成直径 5 ~ 6 毫米的短柱状或圆片状颗粒。

（4）酒花浸膏。以有机溶剂将酒花有效成分提取出来的树脂浸膏。

4. 麦汁冷却和澄清

（1）麦汁冷却。酵母只能在较低温度下发酵，热麦汁必须要冷却到发酵温度，才能够加入酵母。自然冷却较慢，会增加有害微生物繁殖的机会，因此要进行快速冷却。

（2）麦汁澄清。麦汁在发酵前要除去热凝固物和冷凝固物，这一过程叫澄清。煮沸的麦芽中有很多凝固物，这类物质叫热凝固物，主要包括凝固蛋白质、不溶性复合物、酒花胶体和无机盐等，一般采取回旋沉淀槽除去热凝固物。冷凝固物是在麦汁冷却到50℃以下时，麦汁析出的浑浊物质，在25℃时析出最多，主要是球蛋白、醇溶蛋白等；当温度升高时，麦汁又恢复澄清，是个可逆过程。

5. 发酵

啤酒发酵是一个复杂的物质转化过程，酵母的主要代谢物是乙醇和二氧化碳，同时也生成副产品，比如其他醇类、醛类、酯类等物质，这些物质共同决定了啤酒的口感、泡沫和色泽等特征。

酵母属于兼性微生物，在有氧和无氧环境下都能生存。酵母加入麦汁后，依靠氨基酸和可发酵糖进行有氧呼吸，获得能量而繁殖后代，产生一系列代

▲ 青岛啤酒厂老发酵池

▲ 青岛啤酒厂贮酒桶

谢产物。当麦汁中氧气被耗尽后，酵母在无氧环境下将可发酵糖分解为酒精和二氧化碳。

发酵分为主发酵和后发酵两个阶段。主发酵又称为前发酵，是啤酒发酵的主要阶段。加入了酵母的麦汁先在酵母繁殖槽内进行酵母增殖，然后注入主发酵池，此时麦汁中溶解的氧气已基本被酵母菌消耗完，开始进行厌氧发酵，将大部分可发酵性糖类分解成酒精和二氧化碳，同时生产其他代谢物。

主发酵完成后的发酵液称为嫩啤酒或新酒，仍然需要经过后发酵过程才适宜饮用，后发酵又称啤酒后熟或贮藏阶段。后发酵的目的和作用：①增加二氧化碳含量。嫩啤酒中残留的糖分在后发酵期继续缓慢发酵，增加酒体二氧化碳含量。②消除嫩酒味道。溢出的二氧化碳可以帮助排出一些挥发性物质，如乙醛等。③澄清啤酒。凝固物及悬浮物（死酵母及酒花树脂等）可以充分沉降，使酒液澄清。

6. 过滤及灭菌

啤酒发酵成熟后，大部分凝固物会沉积在贮酒罐底部，少量仍悬浮于酒液中，在以后的保存期间会从啤酒中析出，导致酒体浑浊，因此在灌装前要经过过滤，过滤后的啤酒外观和口感都得到改善，稳定性得到提高。经过滤并灌装在容器中的啤酒中仍然可能有细菌存在，为延长保质期，必须进行杀菌处理，最常用的是巴氏杀菌法和膜过滤法（膜过滤法将在后面介绍）。

巴氏杀菌法是法国微生物学家巴斯德发明的，是一种既能够杀死微生物又不损害食品品质的一种方法。巴氏杀菌将食品加热至 68 ~ 70℃，并保持此温度 30 分，可杀灭食品中的致病细菌和绝大多数非致病细菌。酒厂采用隧道式巴氏杀菌机，密封的啤酒从隧道一端缓慢运送到另一端，先后经过若干段不同温度的喷淋水喷淋，经过加热、保温、冷却三个阶段完成杀菌。

第二节 | 特殊工艺啤酒

1. 鲜啤酒、生啤酒和熟啤酒

按照过滤和除菌方式，啤酒可以区分为鲜啤酒（原浆啤酒）、生啤酒、熟啤酒等。

鲜啤酒也叫原浆啤酒，是在全程无菌状态下酿造的啤酒发酵原液。原浆不经过滤也不经巴氏杀菌，最大限度地保留了活性物质和营养成分，保留了发酵过程中产生的氨基酸、蛋白质以及大量的钾、镁、钙、锌等微量元素，最关键的是保留了大量活性酵母，能有效提高人体消化和吸收功能，也保持了啤酒最原始、最新鲜的口感。因含有活性酵母，酒体相对浑浊，稳定性差，常温下保鲜期仅1天，低温下可保存3天左右。

▲ 青岛原浆啤酒

按照我国国家标准中的定义，生啤

▲ 青岛原浆啤酒

酒是指不经巴氏杀菌或瞬时高温灭菌，而采用物理方法除菌，达到一定生物稳定性的啤酒。发酵后的鲜啤酒先经过粗滤，然后利用微孔膜进行精滤，滤膜孔径非常微小，可以阻止微生物通过，可有效去除细菌和残留酵母，细菌去除率接近100%，大大延长保质期。生啤酒避免了巴氏杀菌的热处理，最大限度地保留了酒花的香气和苦味，保持了新鲜口味。纯生啤酒的"纯"有两个含义，一是指使用纯种酵母酿制；二是指在生产过程中杜绝杂菌感染，保持纯正口味。

熟啤酒是指经过巴氏杀菌的啤酒，热处理破坏了部分营养成分，损失了有机芳香物质，损害了口感和香味，但保质期更长，可达1年左右。

2. 干啤酒和冰啤酒

干啤酒又称为低糖啤酒，实际上是高发酵度啤酒。发酵度是指麦汁中浸出物被酵母消耗掉的部分与浸出物总量之比，用百分数表示，可以理解为糖类被酵解的百分比，发酵度越高，糖类转化越充分，残糖含量越少。干啤酒的"干"字来自葡萄酒，发酵度高的葡萄酒称为干酒，发酵度稍低、含有一定糖分的称为半干酒，发酵度较低、含糖量较高的称为甜酒。我国国家标准规定，干啤酒实际发酵度应达到72%以上，酒精含量比相同原麦汁浓度的啤酒稍高一些。提高发酵度主要有两条途径：一是采用高发酵度酵母，二是提高麦汁中可发酵糖含量。

冰啤是指经冰晶化工艺处理的啤酒，酒液清澈，色泽清亮，口味柔和。普通啤酒经过滤后，常温下比较透明，当温度降低，残留的蛋白质等物质会结晶析出，酒体开始出现浑浊。在生产过程中，将啤酒降温至冰点，待酒液出现冷浑浊后，将结晶体过滤掉，即得到清澈的冰啤酒。

第三节 | 包装和供应

1. 瓶装和听装

　　瓶装和听装是市面上最常见的啤酒包装类型。最原始的玻璃瓶盖是软木塞，用金属丝捆绑，类似香槟瓶盖，现在仍有酒厂在高端啤酒上采用这种方式，认为可以更好地保持啤酒口味。随着瓶装啤酒产量增大，大多数酒厂采用冲压式金属瓶盖，这种瓶盖倒过来看，有些像欧洲君主的皇冠，因此得名皇冠盖。皇冠盖制作简单，成本低廉，密封性强，但开启不方便，需要使用开瓶器。部分酒厂采用易于开启的翻转式瓶盖（flip-top 或 swing-top），这种由陶瓷和橡胶密封圈制成的瓶盖，利用金属件固定在瓶颈上，开启时向上扳动金属件即可。

▲ 软木塞

▲ 翻转瓶盖

　　1969 年吉尼斯公司将一个乒乓球大小、表面有小孔的中空塑料球（widget）放入酒瓶中，加注啤酒并充入液体氮后，将酒瓶密封。液氮在酒瓶内气化膨胀，啤酒和氮气进入小球内部，当酒瓶被打开时，内部压力降低，小球内酒液和气体迅速喷出，引起连锁反应，产生大量气泡，酒体上部出现厚厚的奶油状泡沫，具有特殊口感和迷人外观。今天健力士、宝汀顿等英国啤酒还在使用这种充气小球装置。

▲ 健力士充气小球

2. 桶装啤酒

　　金属酒桶大多由不锈钢制成，也有部分铝制酒桶，容量有 3 升、5 升、30 升和 50 升等。30 升以上的桶装啤酒主要供应酒吧和餐厅，为保鲜和产生更多泡沫，通常在酒桶中充入二氧化碳甚至氮气，充氮后啤酒的口感更爽滑，还可以产生丰富细腻的泡沫。3 升、5 升等小容量桶装更合适家庭聚会等场所，相对瓶装啤酒，其更多酒液聚集在一起比较容易保持新鲜，口感较佳，当一次不能全部消费时，还可关闭酒桶阀门，适当延长保质期。

▶ 啤酒桶 30 升

▶ 啤酒桶 5 升

3. 生啤供应

　　为保持啤酒新鲜和最佳饮用温度，大容量生啤酒桶通常放置在专门的低温储藏室中，或吧台下冷藏柜中，通过管道与吧台上啤酒龙头相连，为保证温度不至升高，有些较长管道还敷有保温层。酒吧吧台上通常会有数个带有品牌标识的啤酒龙头（beer tap），其布置形式分为独立式和集中式两种，独立式比较占用空间，当数量较少时，可采取独立式，较多时宜采用集中式布置。酒桶连通装有二氧化碳或氮气的压力瓶，扳动龙头，啤酒在压力作用下从龙头泵出，但也有例外情形，英国的真正艾尔（real ale）不能人为充入气体，只能将酒桶放置在高处依靠重力作用自行流出。

▲ 啤酒龙头

4. 啤酒杯垫

酒吧服务生将大杯生啤放到桌面上时，通常会在下面放置一个杯垫，形状多是圆形或方形。比尔森出现前，无论是拉格还是艾尔的颜色都很深，人们使用带盖的陶瓷杯或金属耳杯喝啤酒，杯盖的作用是防止泡沫外溢。19世纪中叶，欧洲玻璃制品价格下降，瓶装啤酒开始出现，玻璃酒杯也出现在酒吧里。1842年比尔森面世，晶莹剔透的比尔森在玻璃杯里令人赏心悦

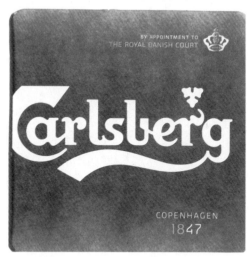

▲ 啤酒杯垫

目，促进了玻璃酒杯的广泛使用。玻璃杯里的啤酒泡沫容易溢出，经常将桌子弄得一团糟，有的酒吧用硬纸板制成杯垫吸收溢出的啤酒。最初，酒吧花钱制作杯垫，后来酒商发现这是个很好的广告载体，于是将杯垫印上品牌标识免费供应酒吧。后来杯垫图案越来越丰富，有漫画，有系列连环画等，小小杯垫也成为啤酒文化的一部分。

第四节 | 啤酒常用名词

1. 酒精度

　　ABV 是 Alcohol By Volume 的英文缩写，中文叫作酒精体积分数，是国际通用的啤酒酒精度表示法，指酒精体积占全部酒液体积的百分比，由法国化学家盖·吕萨克（Gay Lusaka）发明。如酒精度标注为 5%（ABV），表示 100 毫升啤酒中酒精含量为 5 毫升，有些包装上标注 alc 5% vol，是 alcohol 5% volume 的缩写，代表酒精体积分数是 5%。

2. 原麦汁浓度

　　啤酒包装上标注的 8 度或者 12° P 等字样是原麦汁浓度，原麦汁浓度是发酵前麦芽汁的糖度，即麦汁中可发酵糖的含量。比如，每 100 克麦芽汁含有 12 克糖，原麦汁浓度就是 12° P [1]。原麦汁浓度越高，可发酵糖含量越多，在相同条件下，发酵后产生的酒精就越多，酒精度就越高。这个指标反映了原料中麦芽的含量，是衡量啤酒质量的一个重要指标，麦芽含量高的啤酒口感更好，泡沫丰富，颜色较深，麦香味浓郁。

---

[1]　这是个近似算法。这个° P 其实是个比重的概念，为了便于理解，日常惯例是将其近似为浓度数值。

3. 啤酒苦度

现代啤酒都加入了酒花，带有一定苦味，是啤酒独具魅力的味道之一，啤酒苦味在口中消退较快，不留后苦，饮后给人以清爽的感觉。衡量苦度的标准是国际苦度单位（International Bittering Units，简称IBU），苦味来自酒花中的律草酮、异葎草酮等物质，可以使用光谱仪测量啤酒中苦味物质含量而得到苦度值。

仪器测出来的苦度有时和人的感知不一致，原麦汁浓度高的啤酒，需要加入更多酒花，提高苦度来平衡口感，而口感上却和原麦汁浓度较低且苦度值也较低的啤酒差不多。帝国世涛原麦汁浓度较高，苦度值是IBU50，但感觉上还不如IBU30的淡色艾尔啤酒苦。当IBU超过100时，提高酒花用量，仪器测量的苦度值依然继续增高，但人们已无法分辨出苦度差别了。现在的国产啤酒，IBU大概在10～15，德式小麦啤酒在20左右，美式IPA在50～70，IBU70以上口感非常苦，世界上最苦的啤酒IBU达到了300多。

4. 啤酒颜色

啤酒颜色决定于麦芽颜色。麦芽可以分为基麦和特种麦芽两种，基麦是啤酒的主要原料，是大麦发芽经过干燥脱水后得到的，基本保持了谷物本色，颜色较淡也叫淡麦芽，麦芽经过不同温度和时间烘烤而得到一系列有色麦芽，叫作特种麦芽。按照颜色和风味，特种麦芽可以分为慕尼黑麦芽、焦糖麦芽、巧克力麦芽、咖啡麦芽和黑色麦芽等，特种麦芽的使用量可以改变啤酒的口味和颜色，黑色世涛相对淡色比尔森使用了更多的深色麦芽。

20 世纪 50 年代，美国酿造化学家协会制定了啤酒颜色标准（Standard Reference Method ，简称 SRM），人们可以采用光谱仪准确测量出啤酒颜色，SRM 用数字来代表啤酒颜色，从最浅的 1 开始直到最深的 40。我们见到的比尔森色度大约是 2，小麦啤酒是 4，印度淡色艾尔是 8，黑色拉格大约是 20，世涛是 29，等等。超过 20 的色度我们已无法用肉眼分辨颜色差异了。

Chapter 3
第三章

啤酒类型及发展

啤酒有多方面属性和特征，比如颜色、产地、原料、口味、发酵方法、酵母种类等，因此也存在着多种分类方法。按颜色可分为黄啤酒、白啤酒和黑啤酒，按风格可分为拉格啤酒、艾尔啤酒，按国家分为德国啤酒、比利时啤酒等，同时还有小麦啤酒、修道院啤酒、鲍克啤酒等多种类型。纷繁复杂的名字和分类有时让消费者摸不到头脑。很多啤酒风格在发展历程上有着继承关系或互相产生影响，清晰分类成为一件困难的事。现在最有影响的分类是由 BJCP(Beer Judge Certification Program) 制定的啤酒风格指南（Beer Style Guidelines），2015 版中将啤酒分为 34 大类，128 个小类。该分类对于普通消费者来说过于专业和复杂，因此本书采用易于理解的简单分类，主要叙述消费者可以接触到的啤酒种类，有些分类可能和专业分类不完全一致，有些甚至不能单独作为一种风格，但因其特殊的背景在这里加以介绍。

世界各地啤酒所使用的酵母大致上可分为两种：常温发酵酵母和低温发酵酵母。最常用的常温酵母是酿酒酵母（Saccharomyces cerevisiae），其发酵温度在 15 ~ 24℃，发酵完成后酵母悬浮在啤酒上部，形成一层厚重的泡沫，这种发酵方式被叫作上层发酵法（top-fermenting），这类啤酒被称为艾尔（ale）；最常见的低温酵母是巴氏酵母（Saccharomyces pastorianus），发酵温度一般在 10 ~ 12℃，发酵完成后酵母沉淀到发酵池底部，这种发酵方式被称为底层发酵法（bottom-fermenting），主发酵完成后还需要将啤酒在低温下长时间贮藏后熟，德国人在 15 世纪时最先发展出这种酿造方法，德语把这个过程叫作 lager（窖藏），这类啤酒被叫作拉格（lager）。

为简化分类，本书按照发酵方式将啤酒分为两种基本类型——艾尔和拉格。

第一节 ｜艾尔啤酒

一、英式艾尔

1. 英式淡色艾尔 (English pale ale)

8 世纪时欧洲大陆开始使用啤酒花，而英国人接触啤酒花则要晚得多，直到 15 世纪时荷兰人和佛兰德人才将酒花引入英国。最初英国人并不喜欢酒花啤酒，只是把它当成是令人好奇的舶来品，后来发现酒花苦味可以平衡艾尔的甜味，才渐渐成为英国艾尔的主要调味剂。另外酒花可以延长保质期，酒厂可适当降低啤酒酒精强度，生产成本也有所降低。

▶ 巴斯淡色艾尔

英国人使用酒花后，不加酒花的艾尔仍然存续了几个世纪，酒花啤酒越来越流行，传统艾尔逐渐消失，但艾尔这个词汇被保留下来，专指较烈的啤酒。这里有一个有力证据，巴斯酒厂博物馆保存着一对 18 世纪 60 年代制造的玻璃酒壶，一个刻着"艾尔"，另外的一个刻着"啤酒"，表明在当时艾尔和啤酒并不通用。据记载，当时用第一道麦汁酿制的烈酒叫作艾尔，第二道麦汁酿制的叫作啤酒，第三道麦汁酿制的

▲ 各种类型啤酒

淡啤酒叫作小啤酒（small beer）。根据对当时啤酒配方的研究结果显示，头道麦汁浓度是 27 度，第二道是 18 度，第三道是 10 度，今天很少有啤酒能达到前两个浓度，而大多数和第三道差不多。

淡色艾尔是个相对概念，只是相对其他啤酒颜色要浅，早期"淡"色艾尔的颜色可能是和今天棕色艾尔差不多。早期人们点燃木材或稻草直接烘烤麦芽，火候和温度都难以控制，通常麦芽颜色较重。焦炭出现后，使用焦炭作为燃料比木材和稻草更容易控制，麦芽颜色开始变淡，出现了淡色艾尔。英国中北部有大量煤矿，更容易获得焦炭，因此当地酒厂较其他地区更倾向于使用淡色麦芽。

有记录显示，1623 年伦敦市场上已经出现淡色艾尔，叫作"伯顿艾尔"，据后来考证，伯顿艾尔的颜色其实是棕色。17 世纪末，诺丁汉和伯顿的酒商开始在伦敦开办啤酒厂生产淡色艾尔，18 世纪初，淡色艾尔在伦敦非常流行，后来伦敦本地酒厂推出价格更为低廉的波特酒，1720 年后逐渐取代淡色艾尔的地位。18 世纪末，伦敦的波特酒厂率先实现规模化生产，在淡色艾尔发源地伯顿，8 家酒厂的总产量仅是每年 20 000 桶，产量远远低于伦敦波特的产量。

1845 年英国废止玻璃消费税，玻璃制品价格下降，瓶装啤酒出现，消费者也不再使用陶瓷马克杯和金属耳杯而改用玻璃杯。原来神秘的黑色波特现在看起来像烂泥浆，人们对波特的兴趣逐渐降低。

随着收入提高，消费者口味也发生了变化，越来越多的人开始喜欢淡色艾尔。铁路出现后，伯顿淡色艾尔可以更便捷地运输到伦敦，成本随之大幅下降，淡色艾尔很快再次流行起来。1876 年，伯顿的巴斯成为世界上最大的啤酒厂，年产量达 100 万桶。伯顿淡色艾尔开始向海外出口，远销俄罗斯、印度、澳大利亚、美国和加拿大，在比尔森统治世界前，英式淡色艾尔成为第一款行销世界的啤酒。

▶ 富勒 ESB

在英国，苦啤酒（bitter）这个词也被广泛使用，在今天基本等同于 pale ale，广义上指加入大量酒花的淡色艾尔，酒精度在 3.5% ~ 7%，颜色从淡金黄色到深棕色。在英国有很多词汇形容不同强度的苦啤酒，有最好（best bitter）、特制（special bitter）、额外特制（extra special bitter, ESB）和超级（premium bitter），啤酒质量区别并不是很大，只是酒精强度有所不同。

从 19 世纪早期英国人开始使用 bitter（苦啤酒）来形容淡色艾尔，苦啤酒的颜色、口味和强度范围都很宽泛。19 世纪初期，酒吧酒泵上并没有标明品牌的酒标，酒商称他们的啤酒为淡色艾尔，为了与酒花较少，有些发甜的淡味啤酒（mild）区分开，消费者称之为 bitter，大约一个世纪后，苦啤酒的称呼被广泛接受，在英国成为 pale ale 的代名词。

淡味艾尔（mild）的原麦汁浓度低，酒花含量少，有水果甜味，酒精度在 3% ~ 3.6%，颜色从浅色到深棕色。过去淡味艾尔因强度低，价格便宜，被看成是工人阶级的啤酒。这种温和的啤酒曾经一度统治了英国酒吧，1930 年英国啤酒产量的 3/4 是淡味艾尔。最早 "mild" 指酿制和消费周期都很短的嫩啤酒，储存啤酒（stock）在销售前要成熟几个月。1960 年以后，消费者口味转向了苦啤酒，淡味艾尔从英国市场上消失，近些年一些精酿酒厂开始恢复各种传统啤酒，有点发甜的淡味艾尔又开始重新出现。

Real ale，这里译作真正艾尔，是英国真正艾尔运动组织（Campaign for Real Ale, CAMRA）创造的词汇，也叫作木桶艾尔（cask ale）或木桶成熟艾尔（cask-conditioned beer）。20 世纪 60 ~ 70 年代英国啤酒工业整合加剧，产生六大啤酒公司，1972 年六家公司占据英国市场 72% 的份额，从 1958 年到 1970 年，六大公司总计关闭了其所属 122 家酒厂中的 54 家，很多地方品牌消失，啤酒生产逐步集中到大规模的现代化工厂，口味变得千篇一律。1971 年 4 个

▲ 大英啤酒节

年轻人成立了"真正艾尔运动"（CAMRA）组织，力图促进"真正艾尔"和英国传统酒吧的发展，现在 CAMRA 是英国最大的单一诉求（single issue）消费者组织，也是欧洲啤酒消费者联盟创始成员，每年 8 月在伦敦举办著名的大英啤酒节（Great British Beer Festival）。

根据 CAMRA 的定义，真正艾尔（real ale）是使用传统原料酿制，在包装容器中进行自然二次发酵，并从该容器中直接销售的啤酒，是工业化前英国啤酒的原始模样。真正艾尔的主要特征：①不经过滤和杀菌，保质期短。含有活酵母，在销售前一直在持续发酵。②不额外充入二氧化碳或氮气。现在很多啤酒在销售时充入二氧化碳或与氮气的混合气体而产生压力，将啤酒从桶中泵出，并产生丰富泡沫；真正艾尔不加入额外气体，而是将酒桶放在高处，利用重力自行流出。Real ale（cask ale，cask-conditioned beer）也译作木桶艾尔，其实只要符合上面条件的都可以叫真正艾尔，与使用木桶还是金属桶没有直接关系。

2. 印度淡色艾尔 (India pale ale, IPA)

广义上讲印度淡色艾尔也属于淡色艾尔范畴，最初是 19 世纪英国为出口印度而专门生产的啤酒，和艾尔相比，IPA 苦味更重，酒精度也更高。

19 世纪印度是英国的殖民地，大量英国官员、商人以及军队生活在印度。和工业时期的英国一样，在印度很难获得清洁饮用水，啤酒经过煮沸，含有酒精，并加入具有防腐作用的啤酒花，成为饮用水的安全替代品。在远离本土几千千米外的印度，喝啤酒也是英国人排遣寂寞、凝聚士气的主要手段。

但是印度天气炎热，无法在当地酿造啤酒，只能从英国进口。

起初东印度公司和伦敦霍奇森酒厂合作向印度出口啤酒，霍奇森给予东印度公司 18 个月信用期，船队从印度安全返回英国后再付款给霍奇森。船队满载波特酒，绕过好望角，两次穿越赤道才能到达印度，长达 6 个月的旅程经常使啤酒在上岸前就已经变质。

霍奇森尝试了很多延长保质期的办法，但都没有奏效。当时英国正在和法国发生战争，红酒供应不稳定，英国富人要求酒厂酿制像葡萄酒一样的啤酒，霍奇森生产出一款称为"十月啤酒"的烈性淡色艾尔，这款酒使用最新鲜的酒花，在主发酵完成后经长时间后熟，持续发酵提高酒精度，降低含糖量。霍奇森将"十月啤酒"运往印度，结果大受欢迎，一度垄断了印度啤酒市场。霍奇森精明且无情，当其他啤酒进入印度市场时，他降价倾销，当对手撤出后，又提高价格。处于垄断地位的霍奇森不但收紧了东印度公司的信用期限，甚至还自己组织船队向印度出口。

1820 年左右，恼怒的东印度公司主席马奇班克斯（Marjoribanks）找到伯顿的奥尔索普（Allsopp）酒厂，要求复制生产霍奇森啤酒。奥尔索普酒厂此前一直酿造烈性波特，老板山姆（Sam Allsopp）品尝了一口霍奇森啤酒，苦得让他难以下咽，酿酒师乔布·古夏（Job Goodhead）用新鲜的淡色麦芽和啤酒花，成功地酿制出霍奇森啤酒。1823 年奥尔索普开始向印度出口淡色艾尔，其他伯顿酒厂纷纷加入，其中包括巴斯。使用伯顿地区优质泉水酿制的啤酒质量远远优于霍奇森，很快取代了霍奇森在印度的地位，1842年霍奇森被彻底挤出印度市场。大量从印度归来的人将这种口味偏好带回英国，酒厂开始在本土销售这款啤酒，印度淡色艾尔迅速风靡全国。

3. 波特 (Porter)

波特是一种黑色艾尔，通常带有巧克力或咖啡香味。波特在啤酒历史上有着重要的地位，英国著名啤酒作家迈克尔·杰克逊说过，波特在艾尔发展史上投下了长长的影子(long shadow)。

▶ 富勒伦敦波特

18世纪时，英国酒厂酿制完嫩啤酒后不经过后熟便进行销售，有些酒贩或酒吧会将这些酒储存6 ~ 18个月后再进行销售，消费者更加喜欢成熟啤酒醇厚的口味，但价格也较高。由于英法战争，英国政府提高了麦芽税率，由于不含酒花的艾尔使用麦芽较多，因此价格上升，而酒花啤酒原麦汁浓度较低，价格较为便宜，但伦敦人难以忍受酒花啤酒的苦味，于是尝试将艾尔、嫩啤酒和熟啤酒混合在一起调成"鸡尾啤酒"，这种饮法一时风靡伦敦。后来，酒厂发现消费者更喜欢熟啤酒，于是酿制出一种类似上述"三合一"口味的棕色啤酒，一经推出就受到普遍欢迎，尤其是劳动阶层，其中有很多搬运工，在英语里叫作 Porter（波特），为了表达对他们的敬意这款啤酒被称作"波特"。

波特酒需要长时间熟化，贮酒规模越大成本越低，因此酒厂纷纷建设大型储酒罐，波特成为首款大规模生产的啤酒。波特生产过程中率先使用了很多新技术，1760年开始使用温度计，1770年引入比重计用于测量原麦汁浓度。最初的波特采用100%棕色麦芽酿制，使用比重计后，酒厂发现棕色麦芽和淡色麦芽相比，只能产生2/3的可发酵物，于是减少棕色麦芽，而使用更多淡色麦芽，发酵完成后再加入调色物质达到理想颜色。1816年英国通过一项法案，限定啤酒只能使用大麦芽和啤酒花（可以看成是英国的啤酒纯净法），这个法案让酒厂头痛不已。1817年维勒发明麦芽干燥机，可以生产出全黑麦芽，上述问题得到解决。酒厂用95%淡色麦芽和5%全黑麦芽生产波特，但很多伦敦酒厂为保持特有风味，仍坚持使用棕色麦芽。1800年以前波特都贮藏在巨大酒塔中进行后熟，时间从6个月到18个月不等，酿酒师发现没有必要将全部波特都进行后熟，用部分超过18个月的高成熟度啤酒混合新酒可以产生和成熟波特相同的口味，比例是两份新酒混合一份老酒，生产成本得以大幅下降。

为追求规模效益，酒厂将酒塔建造得非常巨大，因此还曾引起一场灾难。1814年10月在伦敦麦克斯酒厂，有一个酒塔装载了大约3 555桶贮存了10个月的波特酒，该酒塔有29个巨大铁箍，每个至少有1/3吨重，以前单个铁箍曾经出现过断裂，但没有引发事故。17日下午一个铁箍发生断裂，不久酒塔突然爆裂，引发连锁反应撞毁了其他酒塔，巨量啤酒摧毁了酿酒车间，淹没了附近街区，造成8人死亡，伦敦当局调查后认为是"酿酒产生的大量气体引发了灾难"。

波特加入了黑色麦芽，带有焦煳味和苦味，能够掩盖轻微的味道变化，适合远距离运输。18世纪和19世纪国际贸易日渐发达，英国波特远销美国、俄罗斯和波罗的海国家，并在这些国家生根发芽。拉格风格出现后，波罗的海国家受到了德国啤酒影响，当地波特逐渐进化成上层发酵的烈性黑色拉格。

4. 世涛 (Stout)

Stout 在英语里是强壮的意思，世涛是一种黑色艾尔，最著名的是爱尔兰出产的健力士（Guinness）。1759 年亚瑟·吉尼斯（Arthur Guinness）在都柏林创建了圣·詹姆斯门（St. James's Gate）酒厂，起初只生产传统艾尔，当波特热潮席卷英国和爱尔兰时，爱尔兰大量从伦敦进口波特，1778 年圣·詹姆斯门酒厂开始酿造波特，1799 年停产艾尔。

► 健力士世涛

► 勇气·俄罗斯帝国世涛

酒厂用淡色麦芽和不同比例黑色麦芽酿造出一系列波特，把清淡的命名为淡波特（plain porter），烈性的称为加强世涛（stout porter）或特强世涛（extra stout porter）等。随着时间推移，英国波特热潮逐渐褪去，大部分酒厂转向生产低酒精度的淡色啤酒，而圣·詹姆斯门酒厂仍坚持生产"特强世涛"，人们逐渐将健力士特强世涛（extra stout porter）简称为世涛（stout），久而久之成为烈性波特的名字。时至今日，健力士世涛仍然在英国和世界上持续热卖。

英国维多利亚女王的女儿和俄国沙皇结婚后，在俄国生活的英国人逐渐增多，两国间贸易规模逐步扩大，英国世涛开始大量出口俄罗斯。为了适应远距离运输，酒厂提高酒精度并加入更多酒花，据说在俄罗斯宫廷里非常受欢迎，因而得名"俄罗斯帝国世涛"（Russia imperial stout），酒精度在8%～12%，苦度可达到50～80 IBU。

5. 苏格兰艾尔 (Scotch ale)

Scotch ale 这个词汇首次出现在 19 世纪，原指产于苏格兰爱丁堡的艾尔，现在指代一种啤酒风格，在比利时和美国很多酒厂出产这款啤酒，而在苏格兰却很少使用这个名字。产于苏格兰的艾尔口味偏甜，有太妃糖味，颜色较重，酒花含量少，按照酒精度分为淡啤酒（Light）、烈啤酒（Heavy）和出口型啤酒（Export），苏格兰政府在 19 世纪 70 年代按照啤酒强度征税，上述啤酒也被叫作 60 先令、70 先令和 80 先令。今天贝尔黑文酒厂出产一款称作 90 先令的艾尔，也叫作 Wee Heavy，酒精度达 7.4%。Wee Heavy 指烈性苏格兰艾尔（Strong Scotch Ale），在美国 Wee Heavy 一般酒精度都是 7% 以上。

提到苏格兰，很多人会想到另外一种由大麦芽制成的蒸馏酒——威士忌，尤其是其特有的泥煤威士忌。苏格兰

▶ 贝尔黑文 90 先令

啤酒厂并不使用泥煤熏制麦芽，而法国、比利时和美国的部分酒厂却非常流行使用泥煤麦芽酿制苏格兰艾尔（或称作威士忌艾尔，Whisky Ale）。

苏格兰首府爱丁堡四周有很多水井，水质非常适合酿酒，这一圈水井被叫作"魔法圈"，19 世纪初爱丁堡酿酒业非常发达，大多数酒厂都集中在"魔法圈"周边。创建于 1856 年的麦克伊文思（McEwan's）是著名的苏格兰艾尔

▲ 麦克伊文思

酒厂之一，1860 开始向英格兰出口啤酒，1886 年麦克伊文思成为苏格兰议会议员，资助建设了爱丁堡大学毕业典礼大厅。1889 年麦克伊文思成为英国最大的独立酒厂，年产量 200 万桶，产品行销苏格兰和英格兰北部，1930 年大萧条时期，和爱丁堡的老对手威廉·杨格公司合并成苏格兰啤酒公司。

▲ 苏格兰爱丁堡

6. 石楠艾尔 (Heather ale)

石楠艾尔据说是不列颠群岛的第一种啤酒，距今已有 4 000 多年历史。石楠（heather）也叫苏格兰石楠，是一种多年生常绿灌木，植株较矮，有的仅几厘米高，耐寒冷，生命力顽强，是苏格兰高地的主要植被，有"山中薄雾"之称。石楠花非常漂亮，以紫色为主，另外亦有白色、粉红色等。

▶ 富赫石楠艾尔

石楠艾尔的起源和苏格兰地区最早的原住民皮克特人（Picts）有关，皮克特人身材矮小、勇猛好斗、全身布满纹身，11 世纪皮克特人在历史中消失。据说石楠上有一种苔藓状白色粉末，叫作福格（Fogg），有麻醉甚至致幻作用，皮克特人在酿制啤酒过程中加入石楠，配方是部落秘密，只有酋长等少数人掌握。在最后一次战争中，皮克特人战败，酋长父子被俘获。苏格兰人用酷刑和死亡威逼他们交出配方，酋长告诉苏格兰人如果交出配方，儿子今后会杀死他，要求先将儿子处死。苏格兰人将酋长儿子扔下悬崖，而无所牵挂的皮克特酋长扑向苏格兰王，一同滚落悬崖。

1988 年，一位女士来到位于苏格兰格拉斯哥的布鲁斯·威廉姆斯啤酒坊，带来一张名为"Leanne Fraoch"的用盖尔语书写的啤酒配方，希望能复制出这种古老啤酒，布鲁斯经过多次尝试，试制出石楠艾尔，今天这款石楠艾尔成为布鲁斯兄弟酒厂的代表产品。现代版石楠艾尔严格选用规定石楠类型，不含任何有害成分。

二、德式艾尔

1. 巴伐利亚小麦（白）啤酒 (Weizenbier, Weissbier)

　　小麦啤酒的德文是 Weizenbier（weizen 小麦，bier 啤酒），在英语里是 wheat beer。按照是否经过过滤，小麦啤酒分为两种：一种未经过滤，叫作 Hefeweizen——酵母小麦啤酒（hefe 酵母），因酵母悬浮，酒体看起来浑浊不透明，像一团白雾，也叫作白啤酒（weissbier, weiss 白）；另一种经过滤，叫作 Kristallweizen——水晶小麦啤酒（crystal wheat），因酒体清澈明亮，看起来非常像香槟，也被称作香槟小麦（Champagnerweizen, champagne wheat）。除此之外，还有黑色小麦啤酒（Dunkel weizen, dark wheat）、酒精度高的小麦鲍克（Weizenbock）和小麦双倍鲍克（Weizendoppelbock）。

▲ 维森酵母小麦

按照德国法律，小麦啤酒至少要使用 50% 小麦麦芽，其余为大麦麦芽，不能添加未经发芽的小麦或其他辅料，必须使用上层发酵法酿制。大多数巴伐利亚小麦啤酒小麦麦芽使用量在 60%～70%，比利时白啤酒（小麦啤酒）没有麦芽用量限制，并可以添加未发芽小麦和辅料。巴伐利亚小麦啤酒是上层发酵艾尔，泡沫丰富，口感厚重，具特有香气，香气来自于酵母和小麦的共同作用，有人形容像丁香，有人说像香蕉，也有人说像树脂，为突出香气，小麦啤酒酒花用量较少。酵母型小麦啤酒采用二次发酵法，将新鲜麦汁加入到发酵完成的啤酒中，灌装后，由于存在活酵母，啤酒在密闭容器中继续发酵，将新鲜麦汁酵解为酒精和二氧化碳。小麦比大麦蛋白质含量高，二次发酵产生了更多二氧化碳，蛋白质在二氧化碳作用下形成厚厚的奶油状顶端泡沫。水晶小麦啤酒由于已经过滤掉酵母，不能进行二次发酵，只能在灌装时人为充入二氧化碳。

16 世纪前，大多数麦芽都要经过直接烘烤，黑色啤酒居多，因此人们将淡色啤酒叫作白啤酒，生产原料既可以是大麦也可以是小麦，既可以采用上层发酵法也可以采用底层发酵法，而小麦啤酒被称作 weizenbier，和白啤酒这个词并不通用。19 世纪出现淡色麦芽制造技术，金色拉格、巴伐利亚淡色啤酒（hell）和比尔森相继面世，白啤酒逐渐成为小麦啤酒的专有名称。

16 世纪早期巴伐利亚森林地区（靠近捷克）就开始酿制小麦啤酒，1516 年开始实施的《啤酒纯净法》中规定，啤酒只能由大麦芽酿制，那么小麦啤酒为什么能够存续到今天？ 1520 年，巴伐利亚统治者维特尔斯巴赫家族授权德根博格公国在其领地内酿造和销售小麦啤酒，每年需缴纳特权使用费。1602 年德根博格公爵去世，没有留下子嗣，按照法律，巴伐利亚马克西米利安一世公爵获得德根博格的全部财产，小麦啤酒酿制权回归王室。马克西米利安命令德根博格的酿酒师来到慕尼黑，建起王室小麦酒厂。很快，王室在每个村庄和城镇都开办了小麦啤酒厂，其收入大致相当于整个巴伐利亚朝廷收入的1/3，这种情况持续了1个半世纪。18世纪末，巴伐利亚传统棕色拉格重新受到欢迎，小麦啤酒销量急剧下降，王室垄断的小麦酒厂变得无利可图，被租给了市民酿酒商，1798年王室开始允许贵族和修道院酿制小麦啤酒，这些措施并没有给小麦啤酒带来转机，1812年整个巴伐利亚只剩下两家小麦酒厂。1856年，王室把小麦啤酒酿制权卖给了酿酒商乔治·施耐德一世，1872年施耐德买下了慕尼黑市中心的王室小麦酒厂（Weisses Bräuhaus）。

▲ 施纳德 TAP1

1870年制冷设备出现后，拉格逐渐统治了德国啤酒市场，小麦啤酒被边缘化，只有巴伐利亚坚持生产，至20世纪50～60年代，小麦啤酒在巴伐利亚州只有3%的市场份额。从1965年开始，消费者口味发生转变，小麦啤酒在巴伐利亚迎来快速发展期，1994年消费量首次超过淡色啤酒（Hell）。今天小麦啤酒占德国啤酒市场11.5%的份额，在巴伐利亚更是达到了35%，成为最受欢迎的啤酒类型。

2. 柏林白啤 (Berliner Weisse, Berliner Weiße)

柏林白啤在德国市场份额较小，在柏林地区非常流行。根据德国法律，柏林白啤只能在柏林地区生产，与科隆啤酒一样，受到原产地名称保护。柏

▲ 柏林白啤

林白啤使用酵母和乳酸菌发酵，具特有乳酸味和水果味，酒精度在 2.5% ~ 2.7%。柏林白啤使用大麦芽和小麦芽酿制，过去小麦芽使用量在 50% 以上，其余为棕色大麦芽，今天淡色小麦麦芽使用量在 25% ~ 30%，其余是淡色比尔森麦芽。

啤酒专家认为柏林白啤起源于汉堡的一种不知名啤酒，16 世纪，柏林酒厂开始仿制生产这款啤酒。选帝侯腓特烈威廉（1620—1688）非常喜欢柏林白啤，甚至让儿子（后来的普鲁士国王腓特烈大帝）亲自学习酿造。1809 年拿破仑占领柏林，把柏林白啤称作"北方香槟"，当地人称它为"气泡红酒"。19 世纪后期，白啤成为柏林最流行的啤酒，大约有 50 家酒厂生产，而后在其他啤酒冲击下逐渐式微，2006 年只有柏林金德尔（Berliner Kindl）和舒尔特海斯（Schultheiss）这两家酒厂还在生产，后来两家公司合并成为柏林金德尔和舒尔特海斯酿酒公司（Berliner-Kindl-Schultheiss-Brauerei GmbH）。

在玻璃酒瓶出现前，柏林白啤储存在陶罐里，用软木塞封口，与香槟类似用金属丝绑紧，而后埋到沙子里熟化 3 个月。柏林白啤残糖较少，适合在夏季饮用，口味较酸，一般不直接饮用，通常加入红色覆盆子糖浆（raspberry syrup）或者绿色车叶草糖浆（woodruff-flavored syrup），因此柏林人往往会直接说来一杯"红的"或"绿的"，有些餐厅会在酒杯里插上一支吸管，看起来像是饮料而不是啤酒。

3. 莱比锡白啤酒 〔Leipziger Gose〕

　　莱比锡白啤是一种使用酵母和乳酸菌发酵的小麦啤酒，用含盐的咸水酿造，并加入香菜调味。泡沫浅黄，香气柔和，口感上有酸味、水果及香菜味道，后口有明显咸味，酒精度在 4% ~ 5%。

　　莱比锡白啤发源于莱比锡附近的戈斯拉镇（Goslar），距今已有 1 000 多年历史。戈斯拉镇位于莱比锡以西 160 千米，紧邻戈斯河（Gose），11 世纪时是德国最富裕的城市之一，盛产铜、铅、锌、盐等，同时也是地区酿酒中心。戈斯拉地区的蓄水层含有大量矿物质，地下水有轻微咸味，矿产开采殆尽后戈斯拉镇衰落，白啤开始外销，莱比锡成为其最大市场。1738 年莱比锡市出现白啤酒厂，对戈斯拉酒厂造成威胁，1826 年戈斯拉镇完全停止白啤生产。20 世纪初白啤成为莱比锡最受欢迎的啤酒，1900 年左右大概有 80 家白啤酒厂，这款啤酒逐渐被叫作莱比锡白啤，而真正的发源地却无人再提起。

▶ 莱比锡白啤酒

　　原始莱比锡白啤采用自然发酵法，1880 年左右开始使用上层酵母和乳酸菌，白啤出厂后仍然在持续发酵，酒桶储存在酒窖中，打开灌酒孔让活酵母自行溢出，当发酵减慢不再有酵母溢出时，灌装到特制长颈瓶中进行二次发酵，酵母层逐渐上升最后堵住细细的瓶颈，形成自然瓶塞。

第二次世界大战爆发时德国仅存一家莱比锡白啤酒厂，1945 年停止生产。弗里德里希·沃泽尔（Friedrich Wurzler）曾经在白啤酒厂工作过，1949 年在莱比锡成立了一家小型啤酒厂，1950 年代沃泽尔去世，继子芬尼斯特（Guido Pfnister）接手酒厂继续生产白啤，1966 年芬尼斯特去世，酒厂停业，莱比锡白啤再次消失。1980 年代莱比锡无忧（Ohne Bedenken）酒吧老板古德翰（Lothar Goldhahn）决心恢复白啤，经研究考证掌握了基本配方。当地酒厂都不愿意生产，最终生产柏林白啤的舒尔特海斯（Schultheiss）酒厂同意尝试，1986 年莱比锡白啤正式上市销售。今天莱比锡白啤境遇有了很大改善，在莱比锡和戈斯拉至少有三家酒厂在生产，啤酒纯净法不允许在啤酒中加入酒花以外的调味料，为了保护传统，德国统一后政府免除了对莱比锡白啤的法律要求。

▶ 富驰科隆

4. 科隆啤酒 (Kölsch)

科隆啤酒是德国科隆地区（Köln 德语科隆）的传统艾尔，可以看成是德国版英式淡色艾尔。德国市场占统治地位的是各种强度和颜色的拉格，科隆啤酒成为硕果仅存的全大麦淡色艾尔。英式淡色艾尔成为英国啤酒象征，科隆啤酒却从来没有在德国大规模流行过，今天科隆啤酒在德国市场占有率不超过 5%，只有在发源地科隆，它才是不可或缺的，占据了 50% 以上的市场份额。

尽管科隆啤酒市场范围不广，但代表了一种独一无二的啤酒风格，科隆啤酒和英式艾尔不同，是一种窖藏啤酒，酿制完成后需要在接近冰点的温度下后熟 2 个月。科隆啤酒口感细腻，颜色亮丽，麦芽和酒花香气柔和，伴有水果香味，用料简单，淡雅口味无法掩盖任何瑕疵，因此有严格的酿制程序和严苛的生产环境。

直至中世纪晚期，德国啤酒的主要品种都是艾尔，16 世纪以后大多数酒厂开始生产拉格，只有巴伐利亚和莱茵地区（科隆所在地）还生产白色小麦艾尔和红铜色大麦艾尔。16 世纪中期巴伐利亚州禁止夏天酿造啤酒，彻底走向拉格，而半个世纪后科隆走上了相反的道路，1603 年科隆议会颁布法令规定只允许采取上层发酵法酿制啤酒，19 世纪出现淡色麦芽，科隆酒厂开始使用比尔森麦芽酿制淡色艾尔。科隆啤酒是少数受到原产地名称保护的啤酒，德国政府规定只有在科隆和紧邻地区生产的啤酒才能叫作科隆啤酒，为了管理产品质量，统一啤酒风格，防止假冒，1948 年成立了科隆啤酒协会。

5."老"啤酒 (Altbier)

"老"啤酒是原产莱茵地区的传统德式艾尔，其中最著名的是杜塞尔多夫"老"啤酒。"Alt"德语老的意思，指传统酿酒方法，16 世纪后德国开始大量生产拉格，被称作"新"啤酒，而采用传统酿制方法的杜塞尔多夫啤酒就有了"老"啤酒这一称谓。淡色麦芽出现后，同处莱茵地区的科隆啤酒逐渐发展成淡色艾尔，而杜塞尔多夫则继续使用慕尼黑琥珀色麦芽酿制"老"啤酒，两者颜色和口味有明显区别。

▼ Schlösser 老啤酒

杜塞尔多夫地区曾经是人类最早居住地，5 万 ~ 10 万年著名的尼安德特人曾在这里生活，有证据显示，3000 年前生活在这里的凯尔特人和日耳曼部落已经开始酿制啤酒，有人认为"老"啤酒发源于原始部落，是世界上历史最悠久的啤酒风格。杜塞尔多夫气候温和，很少特别冷或特别热，非常适宜酿制艾尔，老啤酒使用特殊酵母在 13 ~ 19℃ 发酵，后熟 2 个月，有明显大麦香和酒花芳香。老啤酒主要是采用木桶装供应酒吧，酒精度大约在 4.7%，占德国啤酒市场份额的 3% 左右，在杜塞尔多夫占据着绝对统治地位。

在杜塞尔多夫古老的自酿酒馆或时髦的现代酒吧里，温文尔雅的当地人大多都在慢慢啜饮着装在直筒玻璃杯里的老啤酒。杜塞尔多夫老城里很多具有几百年历史的老房子，几乎每栋老房子里都有一间酒吧，1.6 千米² 范围内集中了大约 200 家酒吧，老城的鹅卵石小路被认为是世界上最长的酒吧街，3/4 自酿酒馆出售老啤酒。

6. 德国蒸汽啤酒 (Dampfbier)

德国蒸汽啤酒（dampfbier, steam beer）起源于巴伐利亚东南部森林地区，至今有数百年历史。蒸汽啤酒全部采用大麦酿制，但使用小麦啤酒酵母，在夏天常温下发酵（21℃ 以上），酒花味淡，二氧化碳含量少，颜色从深黄色到浅琥珀色。因发酵温度较高，发酵池表面产生大量气泡，气泡破裂时好像在沸腾，甚至像"蒸汽"一样，因此得名蒸汽啤酒。

历史上德国很多地方出现过蒸汽啤酒，主要产地是巴伐利亚森林地区。早期森林地区比较贫穷，小麦价格较高，酒厂只能用大麦芽酿酒，邻近的哈勒陶（Hallertau）地区出产高质量酒花，但价格昂贵，酒厂只能自己种植酒花，但苦味和香气都不足，因此原始蒸汽啤酒酒花味淡而麦香突出。酿酒拉格需要控制温度，这对森林地区酒厂来说过程太复杂，成本也难以承受，不得已使用常温发酵的小麦啤酒酵母酿制出独一无二的大麦啤酒，发酵完成后的啤酒还需装入木桶在山洞中进行熟化，时至今日一些古老的山洞仍然在使用。20 世纪早期德国蒸汽啤酒消失，1989 年茨维瑟尔镇一家酒厂在庆祝建厂百年时重新生产出蒸汽啤酒，从此蒸汽啤酒渐渐有所发展。原始蒸汽啤酒是黑色的，今天淡色麦芽很容易获得，蒸汽啤酒颜色逐渐变淡，看起来有点像维也纳拉格。

▶ 德国蒸汽啤酒

▲ 德国杜塞尔多夫老城

三、比利时艾尔

1. 特拉普啤酒 (Trappist)

　　特拉普派（Trappist）是罗马天主教熙笃会（Cistercians）的分支，1098 年法国人罗贝尔在法国勃艮第地区创建了熙笃会，推崇远离人世、宁静简朴的生活。1664 年法国诺曼底特拉帕修道院院长德·兰斯（Abbot de Rancé of La Trappe）制订一套严格隐修规范，即熙笃会严格教规（Strict Observance），特拉普以及另外两个修道院采用这套规范，因此被称为特拉普派（Trappist）。1892

▲ 特拉普标识

年在教皇批准下，熙笃会正式分裂为两大支派，即普规熙笃会（Ordinary Observance）和严规熙笃会（Strict Observance），特拉普派并入严规熙笃会，"特拉普派"一词仍然沿用，指代严规熙笃会。特拉普派教规严格，生活清苦，自力更生，自己耕种及生产生活必需品。

　　由于战乱和社会动荡，特拉普派被迫从法国迁往比利时，把酿酒技术带到了比利时。严格意义的特拉普啤酒不是一种啤酒风格，而是指在特拉普修道院内修士们亲自酿造或监制生产的啤酒。进入 20 世纪以后特拉普啤酒非常受欢迎，和修道院没有任何联系的酒厂也宣称自己的啤酒为"特拉普"，1962 年修士们起诉了一家冒用"特拉普"的比利时酒厂。

1997 年 6 家比利时、1 家荷兰和 1 家德国特拉普修道院发起成立了国际特拉普协会（ITA），目的是阻止未经授权使用"特拉普"商标，截至 2015 年 ITA 共有 20 家成员。ITA 设计了"特拉普"商标，英文是 Authentic Trappist Product（纯正特拉普产品），成员可以在包括啤酒、奶酪、红酒、面包等商品上使用。ITA 对特拉普啤酒有如下规定：①啤酒必须在特拉普修道院内，由修士们酿造或在其监督下生产。②酒厂在修道院内处于从属地位，酿酒是修道院日常活动之一。③酒厂不以营利为目的，收入用于日常开销、维修房屋和涵养耕地等，盈余部分用于慈善事业。④修道院要确保啤酒质量。

现在世界范围内有 21 家酒厂使用"纯正特拉普产品"标识，其中比利时有 6 家：阿诗（Achel）、智美（Chimay）、奥威（Orval）、西麦尔（Westmalle）、罗斯福（Rochefort）和西佛莱特伦（Westvleteren）；荷兰 2 家：踏坡（La Trappe）、圣德（Zundert）；法国 1 家：蒙德凯（Mont des cats）；意大利 1 家：三泉（Tre Fontane）；奥地利 1 家：安格斯翟尔（Engelszell）；美国 1 家：斯潘塞（Spencer）。

各家特拉普啤酒风格不尽相同，但也有共同点：采用上层发酵法，酒精度较高，需要经过 2 ~ 3 次瓶内发酵，具有水果风味。各家修道院使用不同术语区分麦芽使用量和原麦汁浓度，最常用的是单料（Enkel, Single）、双料

（Dubbel, Double）和三料（Tripel, Triple），双料和三料是指双倍、三倍，表明相对强度。单料指酒精度最低啤酒的原料用量，今天这个词汇已不再使用，各家酒厂对于最淡啤酒都有自己的命名方法，西佛莱特伦使用金色（Blond），阿诗是 5 号，罗斯福是 6 号。1856 年西麦尔酿造出最早的双料啤酒，随后其他酒厂纷纷效仿，逐渐成为一种啤酒风格。双料是烈性棕色艾尔，酒精度 6% ~ 8%，酒体厚重，有明显水果和麦香味，主要品牌有西麦尔双料、智美红帽、阿诗 8 号、罗斯福 8 号。

▶ 罗斯福 8 号

三料啤酒曾经代表酒精度最高的啤酒，一般在 8% ~ 10%，1930 年代由西麦尔首创。三料品牌主要有阿诗特制金、踏坡三料和智美白帽，也有一些世俗商业酒厂生产三料啤酒，例如圣·佛洋和圣·伯纳等。后来，荷兰踏坡修道院首次推出四料啤酒（Quadrupel），酒精度超过 10%。一些特拉普酒厂还生产供应修道院内部消费的神父啤酒（palersbier，fathers' beer），有时访客可以在修道院对外开放的咖啡馆内品尝到这种啤酒。在过去，酒瓶上没有商品标签，特拉普酒厂用瓶盖来区分啤酒，智美金色瓶盖代表酒精度最低，蓝色最高。有的啤酒用数字来区分，这些数字并不是确切的酒精度，罗斯福 6 号代表酒精度最低，10 号为最高。近年来兴起了参观修道院酒厂的热潮，人们可以在酒厂游客中心品尝和购买啤酒、奶酪和面包等。

2. 修道院啤酒 (Abbey beer)

Abbey 在英语里是修道院，修道院啤酒法语是 Bières d'Abbaye，德语是 Abdijbier。早期的修道院啤酒指由修道院生产的或者是具有修道院风格的啤酒，1997 年 ITA 对特拉普给出正式定义后，修道院啤酒明确地分成两类，即特拉普啤酒和其他修道院啤酒，这里的修道院啤酒是指特拉普以外的。修道院啤酒包含以下几种情况：①特拉普派以外修道院生产的，例如本笃会修道院。②商业酒厂获得修道院授权而生产的。③商业酒厂用已经消亡的修道院冠名的。④商业酒厂用修道院概念进行营销，未提及特定修道院名称的。

▶ 乐飞棕啤

法国革命（1789 — 1799）以前，法国修道院已经具有近 500 年的啤酒生产史，革命使法国北部宗教活动遭到破坏，很多修道院被迫停止生产啤酒，而坐落在现今比利时境内的修道院仍然坚持生产，例如，建于 1074 年埃弗亨（Affligem）修道院一直持续生产至第二次世界大战爆发。

第二次世界大战后修道院商业化酿酒活动逐步开始出现。1949 年本笃会马都斯（Maredsous）修道院委托摩盖特（Moortagt）酒厂生产啤酒，提供给朝圣者，时至今日摩盖特仍然在生产马都斯啤酒。乐飞修道院（Leffe）从 13 世纪开始生产啤酒，直到拿破仑时代停止，1950 年修道院出现财政困难，酒商阿尔伯特（Albert Lootvoet）建议恢复乐飞啤酒，修道院和阿尔伯特签订了比利时首个正式授权生产协议，后来阿尔伯特的酒厂被时代啤酒收购，再后来成为英特布鲁公司的一部分，乐飞啤酒被转到比利时鲁汶生产，但授权协议一直延续至今天，乐飞也成为最著名的修道院啤酒之一。

3. 兰比克啤酒 (Lambic)

大多数酒厂为保证口感一致，都使用精心培养的纯种酵母，尽量避免混入其他酵母和细菌，防止出现异味。兰比克啤酒采用自然发酵法，原麦汁暴露在自然环境下，利用野生酵母和细菌进行发酵。据说在布鲁塞尔西南的旋妮山谷中（Zenne Valley）中有很多独特的天然酵母，很多兰比克酒厂建在这里，山谷中有个小镇叫 lambeek，可能是兰比克名字的由来。

兰比克啤酒是一种小麦啤酒使用 60% ~ 70% 的大麦芽和 30% ~ 40% 的未发芽小麦，麦汁经煮沸后放置在很浅的发酵池中，尽量增大和空气接触面积，方便空气中的微生物进入。夏季空气中微生物过多，容易引起变质，口味难以控制，因此只有每年的 10 月到翌年 3 月之间才能采用自然发酵法。

啤酒花主要作用是防止腐败，同时增添苦味和香气，兰比克利用天然酵母，发酵时间较长，容易变质，需要加入大量酒花。19 世纪初，兰比克每升需要加入 8 ~ 9 克阿尔斯特地区的 Coigneau 酒花，为避免酒花过多引起口感过苦，拉比克使用陈年干酒花，陈酒花味道有点像奶酪，苦味和香气大大减弱。发酵开始后，兰比克被灌入来自西班牙或葡萄牙的使用过的葡萄酒或雪莉酒桶中，持续发酵和成熟，时间从一年到数年不等，在此过程中兰比克表面出现一层由酵母菌形成的白膜，称为"开花"，这层白膜能够防止啤酒进一步氧化。

原味兰比克（straight lambic）比较少见，只能在原产地和布鲁塞尔少数酒吧里找到，通常储存在酒窖里，服务生需要到地下室去打酒。未完全成熟的嫩兰比克有类似苹果酒的酸味，成熟后口感变得优雅，像优质菲诺（Fino）雪莉酒。兰比克经常作为水果啤酒的基酒使用，主要用于樱桃啤酒和覆盆子啤酒，在比利时以外，人们经常把兰比克这个词误认为是水果啤酒。

今天世界上大多数酒厂最多使用三四种酵母菌株，专门生产比尔森或拉格的酒厂可能只有一种，而兰比克厂房里会有 200 种以上野生酵母和其他菌群存在。普通啤酒大多经过主发酵和二次发酵，兰比克至少需要五个阶段，包括形成乳酸和醋酸味道的过程，普通艾尔酒生产需要 3 周，优质拉格需要 3 个月，而高质量的兰比克则需要 3 年。

▶ 布恩老贵兹

使用原味兰比克作为基酒，可以调制出不同口味的啤酒。贵兹酒（Gueuze）是将 1 年的嫩兰比克和 2 ~ 3 年的陈年兰比克混合后装瓶，嫩兰比克由于没有进行充分发酵含有糖分，混合后在瓶中进行二次发酵。贵兹口味类似苹果酒，有乳酸和醋酸味，二次发酵产生大量二氧化碳，贵兹酒也被称为"布鲁塞尔香槟"，原味贵兹酒叫作老贵兹（Old Gueuze），专门指两种及以上 100% 兰比克混合调制的啤酒。据说贵兹的名字来源于位于布鲁塞尔贵兹大街（Geuzenstraat，Geuzen Street）的一间酒厂，拿破仑占领布鲁塞尔时，出现了香槟酒消费热潮。这间酒厂收集香槟酒瓶，装入陈酒和嫩酒混合的兰比克，用软木塞封瓶，希望从香槟热潮中渔利，很快这款啤酒大受欢迎，人们称之为贵兹（Gueuze），今天的大号贵兹酒瓶和香槟非常相似。

过去欧洲有一种低酒精度啤酒，生产过程简单，价格低廉，保质期短，出厂后需在短时间内消费，人们称它"流动啤酒"（running beer），在英国被叫作"小啤酒"（small beer）；酒精度较高，保质期较长的叫作储存啤酒（stock beer），流动和储存的最大区别在于原麦汁，储存啤酒一般用头道麦汁酿制。法柔（Faro）是19世纪比利时旋妮山谷地区的流动啤酒，使用二道或三道原麦汁利用自然发酵法酿制，酒精度较低，有些会加入橘子皮和芫荽等香料。法柔口感微酸，出售前加入蔗糖等甜味剂，平衡酸味，使其具备一些甜雪莉酒特征。有些法柔使用陈年兰比克和低度嫩拉比克或其他低度艾尔混合调制，早期法柔酒精度在2% ~ 3%，今天法柔的强度在4% ~ 5%。桶装或瓶装法柔在包装时需要进行瞬时巴氏杀菌，避免加入的糖分发生二次发酵。法柔是葡萄牙小镇的名字，西班牙统治比利时时期，该地区有大量伊比利亚驻军，官员们爱喝从伊比利亚半岛带来的红酒，而普通士兵只能喝当地的流动啤酒，并称之为"人们的法柔"。

林德曼法柔

4. 水果啤酒 (Fruit beer)

比利时水果啤酒分为两类，一类使用兰比克作为基酒，一种使用非兰比克，最常见的是樱桃和覆盆子啤酒。Kriek 在弗兰德语里的原义是酸樱桃，现在也指樱桃啤酒。作为基酒的兰比克后熟时间有所不同，短的大概3个月，长的可以达18个月，大多酒厂将新酒和陈酒混合后使用。每年7月，将刚收获的

新鲜樱桃倒入兰比克酒桶中进行浸泡，有些樱桃啤酒标签上标注两个日期，一个是兰比克酿制日期，一个是樱桃收获时间。浸泡时间越长，樱桃果核的苦味越明显，口感越复杂，6个月后，苦味会逐步变成涩味，樱桃提供了额外糖分，啤酒得以继续发酵。浸泡完成后，有些酒厂将啤酒放出而留下樱桃，再加入新啤酒，第二批啤酒发酵完成后，将第一批啤酒和第二批混合，有的在装瓶前再加入一些嫩兰比克，装瓶后继续成熟一个夏天后上市。樱桃引起的发酵会使酒精度升高，如果原始兰比克是 5%，樱桃啤酒会达到 7% 以上。Framboise 是法语覆盆子（英文为 raspberries），这个词汇可能会引起误会，在比利时指覆盆子啤酒，在法国指覆盆子白兰地，覆盆子啤酒酿制方法和樱桃啤酒基本相同。传统水果啤酒使用兰比克作为基酒，不添加增加甜味的辅料，这种啤酒包装上会注明 Oude（荷兰语，老）。也

有些酒厂不使用兰比克作为基酒，例如，莱福曼公司（Liefmans）使用棕色艾尔。为适应年轻人口味，有些酒厂加入增加甜味的辅料，生产出口感更甜的水果啤酒。今天的水果啤酒品种丰富，除樱桃和覆盆子外，还有桃、黑加仑、葡萄、草莓、苹果、香蕉、菠萝、柠檬等多种口味。

5. 香槟啤酒 (Champagne beer, Biere brut)

比利时人用 Biere Brut 这个法语词汇来称呼香槟啤酒，biere 是啤酒，brut 指不含糖的极干香槟，一般指二次发酵采用香槟方式的啤酒。大多数啤酒酿制完成后，经过滤并灌装后进行巴氏杀菌，也有些不经过杀菌，保留活

酵母进行瓶中二次发酵。二次发酵能够降低糖度，改善风味，增添香气，提高二氧化碳含量，使口感干爽，气泡丰富。由于技术进步以及精酿的发展，采用瓶中二次发酵的啤酒逐渐增多，但酵母死亡后会出现自溶，产生令人不悦的苦涩味和固体物质，于是一些酒厂借用香槟的生产方法。在香槟生产中，葡萄汁经过发酵，糖分完全转化成酒精，经澄清和过滤，基酒酿制完成，不同年份的基酒混合后加入酵母和糖，灌装封瓶后进行二次发酵。二次发酵时瓶中会出现酵母沉淀，酒厂将酒瓶头朝下倾斜放置，定期转动，沉淀物从瓶底沿着瓶壁慢慢转移到瓶口，这个过程大约需要 6 周时间。沉淀物集中在瓶口后，将瓶颈插入 -20℃ 的冷凝液中，沉淀物迅速被冻结，然后开启瓶盖，瓶内气体将沉淀物吹出，除渣时会流失少量酒液，回补部分酒液后最终封瓶。香槟啤酒在完成第一次发酵后，过滤掉旧酵母，加入新酵母然后装瓶，在二次发酵过程中，也采用上述方法进行倒瓶、转瓶及除渣处理。香槟啤酒酒体清澈，口感独特，香气浓郁，具有大量可以和香槟媲美的微小气泡，但酿制工艺复杂，发酵和熟化时间长，价格较高。

► 圣神香槟啤酒

6. 比利时白啤酒 (Witbier)

比利时白啤酒被称作 witbier，wit 是荷兰语的白，bier 是啤酒。类似德国白啤，比利时白啤也是使用一定比例小麦酿制的酵母型啤酒，因黄白色酒体呈雾状而得名白啤酒。布鲁塞尔以东大约 50 千米，位于传统小麦产区的小

▶ 赛里斯白啤

▶ 福佳白啤

镇福佳（Hoegaarden，荷兰语）被公认为是比利时白啤发源地。福佳镇酿酒历史悠久，15世纪时即有一家修道院酒厂同时生产啤酒和红酒，16世纪成立了酿酒业公会，大多数成员都是当地农民，使用小麦和燕麦酿制啤酒，18世纪成为地区酿酒中心，大量啤酒销往毗邻地区，19世纪小镇鼎盛时期有30多家啤酒厂。比尔森盛行后，位于福佳西部的鲁汶逐渐成为该地区新的酿酒中心，福佳镇的啤酒业开始衰落，至20世纪50年代最后一家白啤酒厂停止生产。皮埃尔·赛里斯（Pierre Celis）年轻时曾在白啤酒厂工作过，1966年购买了一套旧酿酒设备，在小镇最后一位酿酒师帮助下开始重新生产白啤酒。为纪念小镇15世纪的修道院，赛里斯把酒厂命名为修道院酒厂（De Kluis），后来人们直接称它为福佳酒厂。1985年酒厂发生大火，资金变得紧张，赛里斯接受来自英特布鲁（Interbrew）公司的注资，今天福佳酒厂由百威英博（ABInbev）公司拥有。

最早的福佳白啤，除大麦和小麦以外，还加入一定比例的燕麦，混合原料为白啤提供了复杂口感，小麦提供了水果般的酸味，而燕麦则增添爽滑感。早期的白啤采用自然发酵法，口感非常酸，饮用时要加入香草和水果平衡口感。今天的福佳白啤使用45%的未发芽小麦，其余是大麦芽，两次发酵过程使用不同酵母。第一次发酵温度在19～26℃，发酵完成后将啤酒储存在12～15℃的酒窖中，而后加入葡萄糖和新酵母并装瓶密封，二次发酵在

25℃的恒温环境下进行，大概持续 3 ～ 4 个星期，成熟后的白啤颜色浅黄，呈雾状，泡沫丰富，水果香味浓郁。

1992 年赛里斯在美国德克萨斯州奥斯丁重新建厂生产比利时白啤，受到美国消费者欢迎并在多个啤酒节上赢得奖项。1995 年赛里斯和美国啤酒巨头米勒公司签署合作协议，2000 年米勒公司撤资，塞里斯酒厂倒闭。2002 年密西根啤酒公司（Michigan Brewing Company）买下赛里斯（Celis）品牌，生产白啤直至 2012 年。后来，精酿啤酒公司（Craftbev International Inc）获得赛里斯品牌，和赛里斯儿女克里斯汀（Christine Celis）合作在奥斯丁重新建厂。2011 年 4 月 9 日皮埃尔·赛里斯去世，享年 86 岁。

7. 弗兰德红（棕）啤酒 [Flanders red-brown, Oud bruin]

比利时红啤酒原产于西弗兰德省（west Flanders），经橡木桶发酵，颜色深红，看起来很像红酒，当地人也称之为 Oud Bruin（Old brown，老棕啤）。红啤酒典型代表是罗登巴赫（Rodenbach），罗登巴赫经三次发酵，第一次和第二次在普通酿酒容器中进行，第三次则必须在橡木桶中发酵。红啤发酵所用木桶与我们常见的酒桶不同，是几米高的巨型木制酒桶，和金属发酵罐类似，竖直地立在酒窖里。啤酒在橡木桶中成熟时间长达 1 年以上，木

◀ 乐蔓老棕啤

◀ 罗登巴赫红啤

桶中的菌群让红啤中出现乳酸和醋酸，而单宁酸和焦糖则让红啤具有红酒的口感和香气。为充分发挥木桶作用，罗登巴赫酒厂在每次使用后，都对木桶内部进行刮削处理，一般木桶的壁厚在 5 ~ 10 厘米，每次刮削去掉大约 1 毫米，很多木桶已经使用了上百年。红啤配方呈现多样性，有的使用熟啤酒和嫩酒混合调制，也有的在深色啤酒中加入淡色啤酒改变颜色，有些在啤酒中加入果汁和焦糖改善风味和口感。

8. 季节啤酒 (Saison beer)

▶ 杜邦季节

比利时南部瓦隆地区的啤酒种类较稍北的佛兰德地区少些，这里最出名的是季节啤酒。季节啤酒的发源地是比利时和法国交界的艾诺省，这里是典型的乡村，长久以来一直保持着农家酿酒的传统。季节啤酒是一种季节性酿制的低酒精度淡色艾尔，在凉爽月份里酿制完成而后储存起来，供收获季农民劳作时饮用。原始的季节啤酒酒精度较低，大约 3%，在夏季农民一天可以喝掉 4 ~ 5 升。过去，原麦汁暴露在空气中一段时间使乳酸菌进入，酿制完成的啤酒会出现更有助于解渴的酸味。其特有风味主要来自含有多种菌株的特殊酵母菌落，其中一部分是野生酵母。几个世纪以来在艾诺地区，农户家中的酵母死亡或感染有害微生物后，他们会向其他村民借用，使得酵母成分变得复杂多样，赋予了季节啤酒特殊的风味。

农户酿制的啤酒口味各不相同，很长时间里人们没有把这种啤酒当作一种独立风格，自从比利时杜邦季节啤酒（Saison Dupont）被2005年《男士期刊》（Men's Journal）评为"世界上最好喝的啤酒"后，人们对季节啤酒产生了浓厚兴趣，其他国家也开始商业化酿制，今天的季节啤酒二氧化碳含量提高，水果味更浓，酒精度提升到5%～8%。季节啤酒一般采用有软木塞的香槟酒瓶进行瓶中二次发酵，进一步提高二氧化碳含量，酒体气体溶解较好，很多细小气泡并不轻易上浮，非常爽口。

9. 烈性金色艾尔 (Belguim strong golden ale)

► 督威啤酒

烈性金色艾尔是比利时特有的啤酒风格，大多数出产在佛兰德地区。这类啤酒的典型代表是督威啤酒（Duvel，佛兰德语恶魔的变体），使用比尔森麦芽酿制，酒体呈金色，泡沫丰富，香气较浓。很多人认为淡色啤酒要柔和，如果尝试了督威马上会改变这种固有印象，督威酒精度达到8%，看起来有点像比尔森，但它并不属于拉格，而是艾尔。

督威初始麦汁浓度是14%，在煮沸阶段分三次加入酒花，主要是萨兹和戈尔丁酒花。为提高酒精度，在发酵前加入一定量葡萄糖，麦汁浓度提高到15.5%，第一次发酵温度介于16%～28%，发酵时间是5～6天，然后转移到低温罐中，进行三天二次发酵，温度逐渐下降到 -1℃，随后经过 3 周的低温熟化，最后温度降到 -3℃，完成酵母沉淀和凝结。过滤后加入葡萄糖和酵母，装瓶后在 22℃的环境下进行 10 ~ 14 天的第三次瓶中发酵，上市前，还要在 4 ~ 5℃ 的环境下稳定 6 周时间。烈性金色艾尔酒精度较高，很多品牌使用比较奇怪的名字，人们也将这类啤酒称作邪恶啤酒（wicked beer），其中就包括大家熟知的浅粉象（Delirium Tremens）。

第二节 | 拉格啤酒

1. 比尔森啤酒 (Pilsner, pilsen, pils)

比尔森啤酒是一种淡色拉格，起源于捷克波西米亚地区比尔森镇，颜色金黄，酒体清澈，泡沫丰富，酒花香气浓郁。比尔森镇（Plzeň）位于现捷克共和国西部，曾经隶属于波西米亚王国，该地区啤酒酿造历史至少已有上千年，史料记载，公元448年当地人用啤酒招待拜占庭使者，公元859年开始种植啤酒花。

老比尔森镇位于乌斯拉瓦山谷，交通困难不便开展贸易活动，1259年波西米亚国王瓦茨拉夫二世决定在德布扎河畔建设新比尔森镇，新城位于旧城西北方向9千米，处于四条河流的汇合点，是连接纽伦堡、雷根斯堡和萨克森等地贸易路线的枢纽点。在波西米亚普通家庭不能私自酿酒，瓦茨拉夫授予新比尔森城260名市民酿酒权，1307年城中出现首个商业酿酒厂。尽管比尔森有悠久的酿酒传统，但艾尔容易受到其他酵母和细菌污染，质

▲ 比尔森之源标识

量非常不稳定，经常出现整批啤酒变酸变质的情形，市民们为此大为恼火。1838 年 36 桶变质啤酒被推到大街上，倾倒在市政厅广场上，酿酒师们看着亲手酿制的啤酒流到德布扎河中，下定决心要酿出让市民们满意的啤酒。

▶ 比尔森之源

酿酒师们在河边建起新的市民啤酒厂（Mestansky Pivovar, Citizens'Brewery），后来改称为比尔森之源（Plzeňský Prazdroj, original source of Pilsner），酒厂位置优越，周边有优质水井，地下砂岩层非常适合挖掘贮酒岩洞。酒厂聘请 29 岁的巴伐利亚人约瑟夫·格罗尔（Josef Groll）作为酿酒师，尝试生产拉格啤酒，之前酒厂已经拥有底层发酵酵母，据说是 1840 年一个修士从巴伐利亚偷来的。约瑟夫采用从英国传入的技术将摩拉维亚 [1] 大麦制成淡色麦芽，使用比尔森优质软水，加入大量萨兹酒花，开始酿制全新的啤酒。1842 年 10 月 5 日约瑟夫怀着忐忑的心情打开第一桶啤酒，人们发现这款酒与以往完全不同，颜色清亮，酒体清澈，在玻璃杯中几乎是透明的，这在当时是不可想象的。尽管巴伐利亚从 15 世纪就开始生产拉格，但基本上都是黑色的，虽然艾尔颜色稍淡，但酒体却比较浑浊。这款酒被命名为比尔森之源（Pilsner Urquell, urquell 德语本源），口感清爽、酒花香浓郁的比尔森上市后立刻受到欢迎，比尔森之源的名字迅速传遍欧洲，1859 年比尔森啤酒（Pilsner Beer）成为注册商标，1898 年比尔森之源（Pilsner Urquell）也成为商标。19 世纪后期新技术不断出现，比尔森之源酒厂发展迅速，

[1] 摩拉维亚和波西米亚共同构成了今天的捷克共和国

蒸汽机取代人力，制冷技术确保全年连续生产，1913年产量达到1亿升，成为欧洲最大的啤酒厂，1945年被收归国有，1996年产量恢复至1亿升。1989年以后，比尔森之源成为股份制公司，最大股东是捷克IPB银行，拥有51%股份，10%由国有化前股东后代组成的联合会持有。随后比尔森之源收购了三家波西米亚酒厂，包括甘布里努斯（Gambrinus）酒厂，1996年四家酒厂总产量达到4.5亿升，其中近90%产量来自于比尔森镇。1999年后被南非酿酒集团收购（SAB,South African Breweries,后来与Miller合并为SABMiller集团）。

1883年嘉士伯成功地分离出适合酿制比尔森的单一酵母菌株——嘉士伯酵母，1886年荷兰的艾里恩博士也分离出纯种菌株——喜力A酵母，从此以后，两家公司能够连续不断地生产高质量啤酒,应用冷藏技术运输到世界各地,丹麦人和荷兰人让比尔森风靡了全世界。1883年发现嘉士伯酵母时艾尔和拉格的销量旗鼓相当，而今天比尔森占据了世界啤酒市场的绝大部分份额。

▲ 捷克比尔森之源酒厂

2. 十月节日啤酒 (Oktoberfest bier)

严格上讲，只有慕尼黑城内生产的啤酒才有资格参加慕尼黑啤酒节，才能称为十月节日啤酒，其他地区生产的该类型啤酒必须标明"十月风格啤酒"。十月节日啤酒不是在秋天酿制的，是从烈性春季啤酒——三月啤酒（Märzen，德语三月）发展而来的。

在制冷设备出现前，酒厂在夏季控制啤酒质量非常困难，炎热天气经常使啤酒发酸产生异味。阿尔卑斯山脚下的秋冬季节，天气寒冷，空气中的微生

▲ 狮百腾十月节日啤酒

物不能存活，十月初至翌年三月末这段时间非常适合酿制啤酒。为保证夏季啤酒供应，巴伐利亚酒厂采取一种简单有效的办法：在每年冬末，争分夺秒地酿制浓烈的三月啤酒，该款啤酒含有大量啤酒花，酒精度在 5% ~ 6%，酒体醇厚，麦香浓郁，颜色从深琥珀色到古铜色；夏季，将酒桶存储在堆满冰块的山洞或地窖中，较高酒精度和足量酒花抑制了啤酒变质，啤酒继续成熟，酒花和大麦香气得以充分体现。10 月新酿酒季开始，新啤酒即将成熟，珍贵的木桶需要尽快腾空，大概从 15 世纪起，慕尼黑人为尽快消费掉三月啤酒，在 10 月举办节日聚会来畅饮啤酒，起初是一种民间的非正式活动，三月啤酒变成更广为人知的名字"三月—十月节日啤酒"，而后的事件使这个非正式活动发生了重大的变化。

1810年10月12日，巴伐利亚王储路德维希和泰蕾兹公主在慕尼黑城外大草场上举行盛大婚礼庆典，大约有4万人兴高采烈地参加了这一盛事，草坪因此得名泰蕾兹草坪。王子为表达对公主的爱，决定在每年结婚纪念日，重复举办盛大庆典，形成了固定的节日——十月节（Oktoberfest）。1810年的首届慕尼黑十月节上，最吸引人的活动是赛马，现场并没有啤酒。1814年的记录显示节日活动现场开始出现啤酒屋，而后啤酒摊位越来越多，大草坪逐渐成为慕尼黑人每年畅饮啤酒的固定场所，人们心中的"啤酒节"逐渐形成，官方名称仍为十月节。每年九月末至十月初啤酒节在泰蕾兹草坪举行，持续两周，是慕尼黑一年中最盛大的活动，现场除啤酒大棚外还有很多传统娱乐项目，例如大转轮、旋转木马等。

▲ 慕尼黑啤酒节巡游车

"三月—十月节日啤酒"随着酿酒技术的发展而不断进化。慕尼黑狮百腾（Spaten）酒厂老板加布里埃尔·塞德迈尔（Gabriel Sedlmayr）和维也纳施韦夏特酒厂（Schwechater）老板安东·德雷尔（Anton Dreher）关系密切，1836年德雷尔利用英国技术生产出淡色维也纳麦芽，酿制出维也纳拉格，塞德迈尔在慕尼黑使用维也纳麦芽酿制三月啤酒，标明"按照维也纳方法酿制"。1871年狮百腾酒厂使用一种轻微黑色的维也纳麦芽（后来被叫作慕尼黑麦芽）生产出新款三月啤酒，在慕尼黑啤酒节上推出，并直接把它称为十月节日啤酒，这个名称一直持续到现在。19世纪，酿酒技术得到长足发展，全年都可以生产啤酒，而不仅是在寒冷的季节，因此没有必要在春季大规模酿制十月节日啤酒，酒厂可以任意在需要的时候酿制。如果按照传统方法，酒厂用冷藏设备将啤酒贮藏6个月，生产成本将会很高，因此现代酒厂大多会缩短窖藏时间，带有"十月节日啤酒"标识的啤酒贮藏时间在12~16周，而无特别注明的，一般不超过6~8周。

现在慕尼黑啤酒节是世界上最大的集会，其持续时间超过2周，届时泰蕾兹草坪上会竖起几十个巨大的啤酒帐篷，每年大约有600万来自世界各地的啤酒爱好者在这里狂欢，消费掉600万升啤酒，相当于全部慕尼黑酒厂年产量的30%，从前占统治地位的十月节日啤酒已不再是啤酒节的象征了，巴伐利亚淡色拉格成了主角。

3. 鲍克啤酒 (Bockbier)

鲍克啤酒是原产德国的烈性拉格，传统上标准鲍克酒精度不少于6%，鲍克有几种类型：淡色鲍克（hell bock，也叫maibock，五月鲍克），颜

色较淡，酒花较多；烈性一点叫作双料鲍克（Doppelbock），酒精度在 7%；冰鲍克（Eisbock）在酿制过程中被冷冻到冰点，然后将结晶的冰渣滤掉，酒精度在 8% ~ 9%；最烈的鲍克啤酒酒精度达 14%。

　　鲍克啤酒起源于 14 世纪德国城市艾恩贝克的一款酒花含量较少的黑色艾尔，17 世纪慕尼黑开始酿制鲍克，并逐渐把它变成拉格，慕尼黑人把艾恩贝克（Einbeck）读成艾恩·鲍克（ein bock，公山羊），后来这款啤酒被称作鲍克，今天很多鲍克啤酒包装上仍有山羊的形象。历史上，鲍克啤酒只出现在特定场合，特别是一些宗教节日，比如圣诞节、复活节。在巴伐利亚阿尔卑斯山脚下，冬季经常狂风大作雪花飞舞，并不适合开怀畅饮，人们想办法酿制适合冬季饮用的啤酒，把酒精度提高到 6% ~ 12%，甚至更高。酿制鲍克需要有足够的耐心，通常需要窖藏几个星期甚至几个月，才能产生醇厚口感。每年 10 月，上年收获的大麦和酒花已经基本用完，啤酒节结束后，新大麦和酒花已堆满仓库，酒厂马不停蹄地开始工作，酿制鲍克标志着啤酒行业新一年的开始，新酒一般在基督降临日上市，也标志着巴伐利亚传统的圣诞市场开市。

4. 巴伐利亚淡色啤酒 (Hell, Helles)

Hell（或 Helles）在德语里是浅色的意思，如果要找出一款最具代表性的巴伐利亚啤酒，那么应该是这种淡色拉格。从历史上讲，巴伐利亚淡色啤酒是慕尼黑第一款金色拉格，在英语国家也叫它"慕尼黑传统拉格"（Munich Original Lager）或者是"慕尼黑淡啤酒"（Munich Light），其颜色清亮，口感醇厚，麦香浓郁，泡沫丰富。

▲ HB 淡色啤酒

1894 年 3 月 21 日，慕尼黑狮百腾酒厂将第一桶淡色啤酒运往北部港口城市汉堡进行试销，德国金色拉格首次同大名鼎鼎的波西尼亚比尔森进行交锋，巴伐利亚淡色啤酒在汉堡酒馆中受到欢迎，1895 年 6 月 20 日该款啤酒在慕尼黑上市，一种新风格由此诞生。巴伐利亚淡色啤酒口感细腻，在酿制过程中需格外精心，任何原料和酿制过程中的瑕疵都能体现在最终的口感上，上好的淡色啤酒具有优雅的麦香和令人回味的酒花香。巴伐利亚淡色啤酒有几种类型：酒精度稍高的被称作出口型，过去交通情况较差，运输时间长，浓烈的啤酒不容易腐败，能够"出口"到其他市镇甚至其他国家；Urhell 或者 Urtyp-Helles，意在强调它的纯正（ur 是原始，urtyp 指原始的类型）；Spezial Helles 指季节性淡色啤酒，或者叫特制啤酒。

▶ 普拉纳淡色啤酒

今天德国最流行的啤酒类型是比尔森，但在巴伐利亚地区，2000 年之前淡色啤酒一直占据着统治地位，直到最近，风头才被小麦啤酒超过。小麦啤酒占巴伐利亚市场的 1/3，淡色啤酒占 1/4。在夏季，淡色啤酒依然最受欢迎，经常能看到人们在啤酒花园里用 1 升的大杯畅饮，在十月啤酒节上，淡色啤酒也在游客中享有最高的知名度。

5. 多特蒙德啤酒 (Dortmunder)

多特蒙德啤酒起源于 19 世纪德国鲁尔河沿岸的钢铁和煤炭产区，是多特蒙德人的比尔森或淡色啤酒，口感厚重，酒花适中，酒精度不低于 5%。

▶ DAB 多特蒙德啤酒

鲁尔地区是一个东西向的长方形地域，约 12 千米宽、37 千米长，中间被莱茵河支流——鲁尔河横向截断。从工业革命开始至 20 世纪 80 年代，鲁尔地区一直是德国工业的中心地带，其西部有欧洲最大的内河港口杜伊斯堡港，东部有鲁尔区最大的城市杜塞尔多夫，中间地带则聚集着很多城镇。鲁尔地区有大量煤矿和钢铁厂，从世界各地渊源不断运来的矿石在这里被冶炼成各种金属，对德国经济发展做出巨大贡献。在 20 世纪大部分时间里，鲁尔的夜晚从来没有真正黑暗过，天空被无处不在的高炉照亮，空气中充满着烧焦的味道，晚上晾在阳台上的衣物，早上就会布满灰尘。矿工们在黑暗、闷热的矿井下工作 8 个小时后，最想要的就是一杯啤酒。1843 年克罗内（Kronen）酒厂对慕尼黑拉格进行改良，推出一款酒精度更高的啤酒——多特蒙德拉格，颜色金黄、苦味适中的多特蒙德拉格很快成为矿工和重体力劳动者最喜爱的啤酒。为了将啤酒"出口"到其他城镇，1871 年克罗内酒厂进一步提高酒精度，首次推出"克罗内多特蒙德出口啤酒"（Kronen Dortmunder Export），今天这款啤酒仍然被称作多特蒙德出口型（Dortmunder Export），而有时直接简称出口型（Export）。

第一次世界大战时，多特蒙德地区成为欧洲最大的啤酒生产中心，进入21 世纪，德国的社会和经济结构发生巨大变化，鲁尔地区的煤矿全部被关闭，为数不多的钢铁厂也在苟延残喘，消费者口味也在发生着改变。出口型一度让多特蒙德在啤酒世界里声名远播，而后来只维持较小产量，今天多特蒙德啤酒工业主要收入也同样是来自比尔森。经过不断整合，多特蒙德现有两家大型啤酒厂——前进酿酒厂（Dortmunder Actien-Brauerei, DAB）和联合酿酒厂（Dortmunder Unions Brauerei, DUB），DAB 是德国最大的啤酒公司之一，产品包括著名的"DAB Original"。

6. 窖藏啤酒 (Kellerbier)

Keller 是德语地下室、储藏室的意思，相当于英语的 Cellar。窖藏啤酒发源地德国弗兰肯地区是世界上啤酒厂密度最大的地方，在酿酒中心班贝格附近方圆 30 千米范围内有上百家酒厂，大多是小型手工酒厂或自酿酒吧，很多都生产窖藏啤酒。

窖藏啤酒是一种木桶成熟拉格，需要在敞口的橡木桶中低温缓慢成熟几个月时间。在熟化过程中，啤酒中仍有活酵母存在，持续发酵产生的二氧

▶ 猛士窖藏啤酒

碳从木桶中逸出，成熟啤酒不经过滤，不经巴氏杀菌，销售时不再充入二氧化碳，需要依靠重力从木桶中流出。窖藏啤酒酒体浑浊，泡沫较少，颜色大多是深琥珀色，略带暗红色，酒花味和麦香味较浓。最初窖藏啤酒都是在本地消费，酒吧直接从橡木桶中销售，现在则采用瓶装和金属桶装进行远距离运输，灌装前要进行轻微过滤降低浊度，并充入二氧化碳增加泡沫。在弗兰肯地区啤酒花园中，窖藏啤酒非常受欢迎，人们更愿意使用陶瓷马克杯而不是玻璃杯。另外，单独使用Keller 或 Kellerbier，指拉格类型，Keller 作为前缀使用可以形容其他啤酒类型的窖藏版本，如 Kellerweizen 指窖藏小麦啤酒，属于上层发酵艾尔。

7. 巴伐利亚深色啤酒 (Dunkel beer)

Dunkel 在德语里是黑色或暗色的意思。Dunkel beer 是一种发源于巴伐利亚的黑色拉格，麦香浓郁，酒花味淡，苦味少，酒精度 4.8% ~ 5.6%。深色啤是全大麦啤酒，颜色从深棕色到黑色，有香草和坚果味，泡沫丰富持久，具有拉格啤酒典型的干爽口感。Dunkel 单独使用指拉格类型，但也可作为前缀形容其他啤酒风格的黑色版本，比如 Dunkelweizen——黑色小麦啤酒，因为小麦啤酒也叫白啤酒，于是出现了一个矛盾的名字——黑色白啤酒。原始的干燥技术常常使麦芽变得焦煳，像烘焙过的咖啡豆，酿出的啤酒都是黑色的。1516年巴伐利亚实施啤酒纯净法时，黑啤酒是首款标准拉格，可以说黑啤是当今德国各种啤酒风格的祖先（除莱茵地区的老啤酒和克隆啤酒，以及巴伐利亚小麦啤酒），现代啤酒无论颜色多么亮丽，口味多么不同，都是从原始黑啤演化过来的。

国王路德维希深色啤

深色啤酒主要出产在巴伐利亚，最流行的品牌是国王路德维希（König Ludwig Dunkel, King Ludwig's Dark），由凯尔腾贝格（Kaltenberg）酒厂生产，拥有者是维特尔斯巴赫家族的利奥·波德王子。从 1180 年至 1918 年，维特尔斯巴赫家族统治巴伐利亚超过 700 年，其家族成员不但有皇帝和王公贵族，还有酿酒师。长期以来该家族和欧洲主要王室都有联姻，对欧洲历史进程有重大影响，也对德国啤酒发展有举足轻重的作用。1516 年巴伐利亚公爵制定的啤酒纯净法仍然在发挥效力，建造于 1591 年的慕尼黑皇家啤酒馆（Hofbräuhaus）现在是世界上最著名的酒吧之一，1810 年 10 月 12 日王储路德维希的婚礼开创了持续至今的十月啤酒节。现在维特尔斯巴赫家族的啤酒王朝仍在生机勃勃地发展，凯尔腾贝格城堡酒厂持续生产着有 500 年历史的传统黑色拉格——国王路德维希黑啤酒。

8. 德国黑啤酒 (Schwarzbier)

德国黑啤酒（Schwarzbier）可以看作是邓克（Dunkel）黑啤酒颜色更深的版本，这样就容易理解两种啤酒的区别了。Schwarzbier 在拉格啤酒中相当于艾尔中的波特或者世涛，颜色极深，完全不透明，麦香浓郁，泡沫丰富，经常被叫作 Schwarzpils（黑色比尔森啤酒），金色比尔森有明显苦味，而德国黑啤的苦味则要柔和得多。比较有名的黑啤酒（Schwarzbier）有巴伐利亚北部库尔姆巴赫的猛士黑啤（Mönchshof）和图林根州巴特·克斯特里茨（Bad Köstritz）的卡力特黑啤（Köstritzer）。猛士酒厂前身是一家中世纪修道院酒厂，1803 年脱离修道院成为世俗酒厂，卡力特酒厂成立于 1543 年，位于库尔姆巴赫东部的图林根州，是德国销量最大的黑啤酒之一。

▼ 黑啤酒和城堡

9. 烟熏啤酒 (Rauchbier, Smoked beer)

烟熏啤酒采用明火干燥的大麦芽酿制，颜色从深棕色到黑色，酒精度从 4.8% 到 6.5%。在干燥炉大量使用前，干燥麦芽主要有两种方法：一是晾晒法，二是明火干燥。明火干燥的麦芽颜色重，有烟熏味，颜色和味道最终都会带给啤酒。干燥炉在公元前 1 世纪就已经出现，但直到工业革命时才广泛应用在烘干麦芽上，青麦芽放在旋转干燥炉里，没有明火或烟雾直接烘烤，成品麦芽颜色较淡，没有烟熏味。18 世纪以后干燥炉越来越普遍，19 世纪中叶后成为最主要的麦芽干燥法，因此烟熏啤酒越来越少，几乎绝迹。

朗客烟熏啤酒

巴伐利亚北部的班贝格还保持着酿制烟熏啤酒的传统，制作烟熏麦芽的方式和威士忌泥煤麦芽非常相近，用山毛榉木烘烤麦芽，今天烟熏麦芽大多数由商业麦芽厂生产，世界上最著名的烟熏麦芽厂就坐落在班贝格。班贝格的朗客（Schlenkerla）酒厂几个世纪以来一直坚持生产烟熏啤酒，传统朗客啤酒的酿制方法和三月啤酒基本相同，酒厂还生产烟熏小麦、烟熏拉格、烟熏鲍克等。原始朗客啤酒（Aecht Schlenkerla）是现代烟熏啤酒的代表，Aecht 是弗兰肯地区德语 echt 的误传，是真正或者原始的意思。一些酒厂在比尔森麦芽中加入一定量烟熏麦芽来生产烟熏啤酒，而朗客酒厂则全部使用自己制作的烟熏麦芽，为平衡烟熏味，朗客比大多数巴伐利亚啤酒加入更多酒花。

10. 石头啤酒 (Stone beer, Steinbier)

▶ 石头啤酒

石头啤酒在德语里是 steinbier（stein 德语石头）。在过去，因木质糖化锅不能够直接加热，酿酒师将烧热的石头投入到盛满麦芽汁的糖化锅中，炙热的石头将邻近麦芽糖变成焦糖。麦汁冷却后，糖分将石头包裹起来，而后酿酒师将麦汁和石头一同移入发酵池。因麦汁中有焦糖成分，酿制完成的石头啤酒口感特别，有焦煳味或烟熏味，同时由于石头表面的糖分发酵不充分，还带有一点甜味。

用石头加热麦汁的方式不但费时费力，还有一定危险性，因此现在石头啤酒比较少见。在过去，石头啤酒大多是艾尔，现在基本都是拉格。

11. 维也纳拉格 (Vienna lager, Schwechater bier)

维也纳拉格也叫施韦夏特啤酒（Schwechater bier），是 1840 年安东·德雷尔（Anton Dreher）首次在维也纳推出的琥珀色啤酒，具有拉格的清爽和英式淡色艾尔的颜色。

1760 年老德雷尔来到维也纳在酒吧里做服务生，1796 年在维也纳附近的施韦夏特买下一间啤酒厂和 46 英亩土地，1810 年安东·德雷尔出生。1820 年老德雷尔去世，10 岁的德雷尔被家人送至其他酒厂做学徒，而后又辗转慕尼黑、伦敦和苏格兰学习酿酒。1836 年德雷尔首次在欧洲大陆使用英式制麦工艺，生产出焦香水晶麦芽（也叫维也纳麦芽），1840 年酿制出一款琥珀色拉格——

施韦夏特啤酒（Schwechater bier），被称为维也纳拉格。1848 年施韦夏特酒厂率先使用了蒸汽机，今天存放在维也纳技术博物馆中。1858 年维也纳拉格在世界啤酒博览会上获得金奖，1861 年奥地利皇帝弗朗兹·约瑟夫一世到访酒厂授予德雷尔骑士十字勋章。1863 年安东·德雷尔去世，儿子小德雷尔接管酒厂。1872 年维也纳冬天异常温暖，酒厂没有采集到足够的用于夏季储存啤酒的冰块，不得已从波兰购买冰块用火车运输到酒厂，花费了大量资金，这迫使小德雷尔寻找更有效的办法。1877 年施韦夏特酒厂率先在欧洲使用人工制冷设备，1900 年发展成欧洲最大啤酒厂，第二次世界大战期间酒厂受到严重破坏，1945 年停产，8 个月后重新开张。20 年后，施韦夏特和奥地利啤酒公司合并成为奥地利联合啤酒公司。

▶ 塞缪尔·亚当斯波士顿拉格

随着比尔森逐渐统治世界，维也纳拉格影响力越来越小，在欧洲几乎销声匿迹，19 世纪后期奥地利移民将维也纳拉格带到墨西哥。20 世纪 80 年代中期，美国的塞缪尔·亚当斯（Samuel Adams）公司采用传统方式酿造出维也纳拉格，命名为波士顿拉格（Boston Lager），上市后取得巨大成功，其他精酿酒厂纷纷效仿，琥珀色维也纳拉格在美国迅速流行。

▶ 两个酿酒师维也纳拉格

11. 美国蒸汽啤酒 (Steam beer)

美国蒸汽啤酒起源于 1860 年代的美国西海岸，使用拉格酵母在常温下发酵，与其他酒厂使用竖直的封闭容器不同，蒸汽啤酒在很浅的敞开式容器中进行发酵。在 19 世纪的加利福尼亚，酒厂很难找到用于窖藏拉格的冰块，酿酒师找到一种能够在常温下发酵的底层酵母，酿制出同时具有艾尔和拉格特点的特殊啤酒，由于售价低廉，很快成为淘金热中蓝领工人最喜爱的啤酒。1902 年的文献中提到:（蒸汽啤酒）一种颜色清亮的清爽啤酒，深受劳工阶级喜欢。美国原始蒸汽啤酒的原料可以是大麦芽,也可以是大麦芽混合其他谷物,甚至还可以加入糖以及葡萄糖等；现代蒸汽啤酒基本上是全麦芽酿制，不加

▶
铁锚蒸汽啤酒

辅料。1896 年德国酿酒师厄恩斯特·贝鲁斯（Ernst F. Baruth）和欣克尔（Schinkel）在旧金山买下一间啤酒厂，可能是隐喻蒸蒸日上的旧金山港口，将其改名为铁锚酒厂，从 20 世纪初铁锚酒厂就一直生产蒸汽啤酒，1981 年将蒸汽啤酒注册为商标。

为什么叫作蒸汽啤酒呢？现在有不同说法。第一种说法是，酒厂没有条件对麦芽汁冷却，在厂房屋顶上安装大面积冷却池，利用太平洋凉风进行冷却，酒厂上空经常升起大量蒸汽，于是出现蒸汽啤酒这一称呼。另一个解释是，当时蒸汽啤酒中二氧化碳含量很高，酒桶气压很大，在销售前要先进行放气。还有一种说法，这个名字可能来自德国的蒸汽啤酒（Dampfbier），19 世纪美国酿酒师大多数都

是德国后裔，借用了德国蒸汽啤酒的名字。

在德国和美国，在巴伐利亚和加利福尼亚，两种蒸汽啤酒各自独立发展着。一个是德国的穷乡僻壤，一个是淘金热中的蛮荒之地，人们都没有条件去酿制更"好"的啤酒，不得不就地取材，并创造出新方法，尽管都是在常温下酿制的，但关键区别是：巴伐利亚的是艾尔，加利福尼亚的是拉格。

▲ 迈菲斯酒吧

Chapter 4
第四章

啤
酒
品
牌

第一节 | 英国品牌 ♥

1. 巴斯
(Bass)

1777年威廉·巴斯在淡色艾尔发源地伯顿（Burton upon Trent）创建了巴斯酒厂。

巴斯是世界上最早生产淡色艾尔的酒厂，其产品曾经行销整个大英帝国（包括海外殖民地），1876年成为世界规模最大的啤酒公司，年产量达100万桶，同年将其著名的红

淡色艾尔 ▶

品牌在英国、比利时、美国等国家销售，主要产品是巴斯淡色艾尔，酒精度 5%。

2. 森美尔
(Samuel Smith)

1758 年塞缪尔·史密斯（Samuel Smith）在英国北约克郡塔德卡斯特（Tadcaster）创建了森美尔老酒厂（Samuel Smith's Old Brewery），现今是约克郡历史最悠久的啤酒厂，也是当地仅存的独立酒厂。塔德卡斯特地下水富含矿物质，长久以来酿酒业发达，是英格兰仅次于伯顿的酿酒中心。

森美尔酒厂坚持采用传统工艺生产，

三角标识注册成英国首个商标。20 世纪初巴斯公司在英国大量收购酒厂，规模迅速扩大，1935 年在伦敦股票交易所上市，成为最早的 FT30 指数公司之一。1967 年和查林顿公司合并成巴斯·查林顿，再次成为英国最大的啤酒公司，2000 年被英特布鲁公司（Interbrew，后整合成 Anheuser-Busch InBev 百威英博集团）收购。英国政府认为这笔交易涉嫌行业垄断，指令英特布鲁将巴斯的酿造厂和其他品牌出售给康胜公司（Coors，后来的摩森康胜 Molson Coors），允许其保留巴斯品牌。巴斯酒厂原址旁建起了英国啤酒中心博物馆（National Brewery Centre），成为伯顿最著名的观光点。巴斯

◀ 淡色艾尔　　◀ 印度艾尔

帝国世涛 ◀

坚果棕色艾尔 ◀

泰迪波特 ◀

现在仍然自己制作贮存啤酒的橡木桶。酿造用水全部取自 1758 年开凿的深达 310 米的水井；酵母从 19 世纪使用至今，是英国最古老的酵母菌种之一。森美尔的艾尔和世涛这两类啤酒在传统的约克郡石制发酵池中完成发酵。酒厂仍保留着传统的运输马队，每周有五天在塔德卡斯特城内向酒吧运送啤酒。产品：①淡色艾尔（Pale Ale），酒精度5%。②印度艾尔（India Ale），酒精度5%。③帝国世涛（Imperial Stout），酒精度7%。④坚果棕色艾尔（Nut Brown Ale），酒精度5%。⑤泰迪波特（Taddy porter），酒精度5%。

3. 富勒
(Fuller's)

富勒啤酒公司（Fuller Smith & Turner P.L.C.）成立于 1845 年，是伦敦股票交易所上市公司。其前身是位于伦敦奇西克（Chiswick）的格里芬酒厂（Griffin Brewery），从 17 世纪开始酿制啤酒，1845 年在该酒厂基础上成立了富勒啤酒公司（Fuller Smith & Turner P.L.C.）。早期的格里芬酒厂只生产艾尔和波特等少数几个品种，富勒成立后发展迅速。1930 年推出奇西克苦啤酒（Chiswick Bitter），1950 年伦敦荣耀（London Pride）上市，1971 年推出 ESB（Extra Special Bitter，额外特制苦啤酒），这三款啤酒都获得过"英国啤酒冠军"

◀ ESB

◀ 伦敦荣耀

◀ 伦敦波特

（Champion Beer of Britain）称号，1978 年是 EBS，1979 是伦敦荣耀，1989 年是奇西克苦啤酒。伦敦波特（London Porter）赢得过世界最佳标准波特啤酒（World's Best Standard Porter）和欧洲最佳波特（Europe's Best Standard Porter）等奖项。富勒行销世界 70 多个国家，2014 公司年报显示其最大的海外市场是瑞典。产品：①ESB 淡色艾尔，酒精度 5.9%。②伦敦荣耀淡色艾尔，酒精度 4.7%。③伦敦波特，酒精度 5.4%。

4. 宝汀顿
（Boddingtons）

宝汀顿酒厂位于曼彻斯特，前身是创建于 18 世纪的斯特兰奇韦斯酒厂（The Strangeways Brewery），主要消费群体是曼彻斯特的工人阶层。1848 年亨利·宝汀顿成为斯特兰奇韦斯酒厂合伙人，1853 年买下该酒厂。从 1853 年到 1877 年，宝汀顿产量从年产 1 万桶上升到 10 万桶，成为曼彻斯特最大的啤酒厂，同时也是英国北部最大的酒厂之一，1888 年宝汀顿公司上市。1940 年 12 月 22 日，德军空袭摧毁了酒厂水塔，停产数月，重建时采用最先进的设备，安装了欧洲第一个不锈钢发酵罐。1989 年惠特布莱德公司收购宝汀顿，宝汀顿开始走向全国市场，1997 年其市场占有率达到顶峰，出口至 40 多个国家。2000 年英特布鲁公司收购惠特布莱德，今天宝汀顿品牌归百威英博所有。2010 年宝汀顿苦啤酒（bitter）在

◀ 宝汀顿

5. 查尔斯·威尔斯
(Charles Wells)

查尔斯·威尔斯（Charles Wells）公司位于英格兰贝德福德，是英国最大的家族酿酒企业，拥有200多家酒吧和一家啤酒厂。1842年创始人查尔斯·威尔斯出生于贝德福德，14岁加入皇家海军登上护卫舰"德文郡"号，不到30岁时成为舰长，由于未来的岳父不同意女儿嫁给长期在海上漂泊的人，查尔斯在1870年左右回到贝德福德。

1875年威尔斯买下1间酒厂和32个酒吧，1876年酒厂产量是3 229桶，1910年增长到26 000桶。酒厂几英里外的地方出产优质矿泉水，1902年威尔斯在山上开凿了一眼水井，直至今日仍是酒厂的生产水

英国同类啤酒中销量排名第六，2012年产量2 500万升，80%在英国市场销售，20%出口到海外。宝汀顿是最早使用充气氮球的罐装啤酒之一，由于具有丰富的奶油状顶部泡沫，被称为曼彻斯特奶油（The Cream of Manchester）。宝汀顿成为曼彻斯特继曼联队和加冕街（Coronation Street）之后最著名的代表物，主要产品有木桶艾尔（cask ale）、苦啤酒（bitter）、酒吧艾尔（pub ale,酒精度4.6%）。

◀ 炮兵苦啤酒

◀ 摇摆舞

◀ 香蕉面包

◀ 勇气董事

◀ 伦敦艾尔

◀ 双料巧克力世涛

源。1976年在贝德福德新建老鹰酒厂（Eagle Brewery），采用先进设备生产艾尔和拉格，2006年和伦敦的杨格（Young）公司合并为威尔斯和杨格公司（Wells & Young's），成为英国最大的家族酿酒企业。5个月以后，收购著名的勇气公司（Courage），获得勇气最佳（Courage Best）和董事（Director）等著名品牌，2011年从英国喜力公司手中收购苏格兰麦克伊文思（McEwan's）和杨格斯（Younger's）品牌。2015年公司将酿酒和酒吧业务整合在一起，更名为查尔斯·威尔斯公司，现在拥有Wells、Young、Courage、McEwan's和Younger's等几大啤酒品牌。

主要产品：①威尔斯炮兵精制苦啤酒（Wells Bombardier Premium Bitter），淡色艾尔类型，酒精度5.2%。②威尔斯摇摆舞（Wells Waggle Dance），特制淡色艾尔（蜂蜜口味），酒精度5.0%。③威尔斯香蕉面包啤酒（Wells Banana Bread Beer），特制淡色艾尔（香蕉口味），酒精度5.2%。④勇气董事精致艾尔（Courage Directors Superior Ale），酒精度4.8%。⑤杨斯伦敦艾尔（Young's Special London Ale），酒精度6.4%。⑥杨斯双料巧克力世涛（Young's Double Chocolate Stout），酒精度5.2%。

6. 贝尔黑文
(Belhaven)

贝尔黑文酒厂位于苏格兰邓巴（Dunbar）附近，1719年酒厂的前身已经在进行商业化酿酒。1815年杜德格恩家族接管酒厂，改名杜德格恩公司（Dudgeon & Co），1846年邓巴开通铁路，酒厂迎来更广阔的市场和更多竞争，杜德格恩将重点放在麦芽制造上，仅维持少量啤酒生产。18世纪上半叶邓巴及附近地区大约有24家酒厂，19世纪中期只剩下3家，只有贝尔黑文酒厂生存到20世纪，主要归因于其较大的麦芽生产能力。在两次世界大战期间，杜德格恩公司为军队提供麦芽和啤酒，20世纪70年代麦芽业务受到其他现代化工厂的冲击，1972年杜德格恩家族将公司出售，酒厂更名为贝尔黑文酒厂。随后酒厂进入快速发展期，1996年在伦敦股票交易所上市，2005年成为苏格兰最大的独立酿酒公司，2005年8月被格林·王公司收购。主要产品：①苏格兰燕麦世涛（Belhaven Scottish Oat Stout），酒精度7.0%。②90先令（90/Wee Heavy），苏格兰艾尔，酒精度7.4%。③麦凯伦世涛（McCallum Stout），酒精度4.1%。④圣·安德鲁斯琥珀色艾尔（St.Andrews Amber Ale），酒精度4.6%。⑤黑色苏格兰世涛（Black Scottish Stout），酒精度6.5%。

燕麦世涛　　90先令　　麦凯伦世涛　　圣·安德鲁斯琥珀色艾尔　　黑色苏格兰世涛

7. 格林王
(Greene King)

格林·王公司位于英国萨福克郡的
圣·埃德蒙兹（St. Edmunds），是英国本土
最大的啤酒公司之一，也是伦敦股票交易
所 FTSE250 指数公司。创始人本杰明·格
林（Benjamin Greene）曾经在伦敦惠特布
莱德酒厂学习酿酒。1799 年 19 岁的格林来
到了圣·埃德蒙兹，买下具有百年历史的怀
特斯（Wright's Brewery）酒厂，并更名为
西门（Westgate）酒厂，酒厂位于圣·埃德
蒙兹修道院遗址附近，酿酒用水取自修道院
内具有千年历史的老水井。格林居住的皇冠
（Crown）大街的街角是圣·埃德蒙兹修道院
最后一位主教的住所。

新兵淡色艾尔

1836 年格林将酒厂交给儿子爱德华
（Edward），酒厂规模逐渐扩大，1870 年
酒厂雇员达到 50 人，年产啤酒 40 000 桶。
1868 年弗雷德里克·王（Frederick King）在
圣·埃德蒙兹买下一家麦芽厂，改名为圣·埃
德蒙兹酒厂。1887 年西门酒厂和圣·埃德
蒙兹酒厂合并成为格林·王公司，成为当时
英格兰最大的啤酒公司之一，拥有 148 间酒
吧。格林·王酒厂一直为员工提供良好待遇，
1926 年英国发生大罢工，格林·王的工人没
有参加。1938 年第二次世界大战爆发，格
林·王建设新酒厂，为驻扎在东英吉利的盟
军供应啤酒，战后瓶装啤酒需求大增，1949

圣·埃德蒙兹金色啤酒

列性萨福克黑色艾尔 ◀

主教特酿 ◀

主教艾尔 ◀

年新灌装厂投入使用。1984 年为庆祝创始人本杰明·格林的孙子——著名小说家格雷厄姆·格林（Graham Greene）80 岁生日，推出圣·埃德蒙兹特酿艾尔（St Edmund Ale Special Brew）。1999 年格林·王收购莫兰德公司（Morland），获得斑点老母鸡（Old Speckled Hen）和红石（Ruddles）品牌，2005 年收购苏格兰历史最悠久的酒厂——贝尔黑文公司。

主要产品：①主教特酿淡色艾尔（Abbot Reserve），酒精度 6.5%。②主教艾尔（Abbot Ale），酒精度 5.0%。③新兵淡色艾尔（Yard Bird Pale Ale），酒精度 4.0%。

④圣·埃德蒙兹金色啤酒（St. Edmunds Golden Beer），酒精度 4.2%。⑤烈性萨福克黑色艾尔（Strong Suffolk Dark Ale），酒精度 6.0%。

8. 斑点老母鸡
(Old Speckled Hen)

1711 年约翰·莫兰德（John Morland）在英格兰西伊尔斯利（West Ilsley）开办了莫兰德酒厂（Morland Brewery），19 世纪 80 年代搬迁至牛津郡阿宾登（Abingdon）。20 世纪 70 年代英国 MG 汽车公司在阿宾登有一间工厂，一辆用作交通车的小轿车经常停放在喷漆车间附近，久而久之车身溅满斑点，

斑点老母鸡

金色老母鸡

Baker）在路特兰郡（Rutland）兰厄姆（Langham）成立了兰厄姆酒厂，1911年乔治·拉德尔（George Ruddle）买下酒厂，更名为红石酒厂（Ruddles brewery），拉德尔家族持续经营酒厂至1986年，1999年酒厂被格林·王公司收购，同年位于兰厄姆的生产线被关闭。兰厄姆优质的井水赋予了当地啤酒独特口味，在消费者中赢得较高声誉，红石酒厂出品的路特兰苦啤酒（Rutland Bitter）成为英国第三个受到地理标志保护的啤酒，兰厄姆酒厂被关闭后，格林·王公司不能再使用路特兰苦啤酒这个名称。1996年红石酒厂出产的红石最佳（Ruddles Best）赢得了第一届世界啤酒大赛常规苦啤酒单元（ordinary bitter category）金奖。另一款主

红石郡

工人们称它为"Old Speckled' Un"。1979年阿宾登工厂成立50周年，莫兰德酒厂应工厂要求生产出一款纪念啤酒——斑点老母鸡（Old Speckled Hen）。2000年格林·王公司收购莫兰德，随后关闭了其生产车间，将母鸡系列啤酒转至了圣·埃德蒙兹生产，现该系类啤酒出口至40多个国家。主要产品：①斑点老母鸡棕色艾尔（Old Speckled Hen），酒精度5.0%。②金色老母鸡艾尔（Old Golden Hen），酒精度4.1%。

9. 红石郡
(Ruddles County)

1858年理查德（Richard Westbrook

要产品是红石郡（Ruddles County，酒精度4.3%），属英格兰乡村艾尔（country ale），口味偏苦，由格林·王圣·埃德蒙兹工厂生产。2010 年，前红石酒厂首席酿酒师托尼·戴维斯（Tony Davis）在路特兰谷仓酒厂（Grainstore Brewery）恢复生产路特兰苦啤酒（Rutland Bitter）。

10. 纽卡斯尔棕色艾尔
(Newcastle Brown Ale)

纽卡斯尔棕色艾尔的配方发明人吉姆·波特（Jim Porter）出身伯顿的酿酒世家，第一次世界大战中在英国军队服役，战后移居英格兰北部城市纽卡斯尔。1927 年纽卡斯尔酒厂开始生产棕色艾尔，1928 在伦敦国际啤酒展览会上获得金奖。1960 年纽卡斯尔啤酒公司和苏格兰啤酒公司（见苏格兰艾尔词条）合并成立苏格兰和纽卡斯尔啤酒公司（Scottish & Newcastle，简称 S&N），棕色艾尔成为公司旗舰产品之一。1970 年代销量达到顶峰，八九十年代进入英国学生联合会所属酒吧，销量再次回升，成为英国销售范围最广的酒精饮料。1995 年 S&N 收购勇气啤酒公司（Courage），成为英国最大啤酒集团。2008 年 S&N 被喜力和嘉士伯公司联合收购，纽卡斯尔棕色艾尔品牌归属喜力集团，2010 年转至位于英格兰中部塔德卡斯特（Tadcaster）约翰·斯密斯酒厂（John Smith's Brewery）生产。纽卡斯尔所处的英

纽卡斯尔棕色艾尔

国东北部是传统重工业地区，纽卡斯尔棕色艾尔被看成是工人阶级的啤酒，在海外市场则被认为是新潮的优质啤酒，主要消费群体是年轻人，现主要市场是美国，占销量的一半以上。

11. 喷火肯特艾尔
(Spitfire Premium Kentish Ale)

1678 年理查德·马斯（Richard Marsh）租下了位于肯特郡法弗舍姆（Faversham）

的一间啤酒厂。光辉革命期间，1688年英格兰国王詹姆斯二世（King James II）逃亡法国，途中在法弗舍姆被抓获，时任镇长的马斯将国王囚禁在酒厂。1698年马斯买下酒厂，今天的谢佛德尼·阿姆酒厂（Shepherd Neame）将这一年作为其创始年。1726年马斯去世，1732年酒厂转由塞缪尔·谢佛德尼（Samuel Shepher）管理，1864年阿姆（Percy Beale Neam）成为酒厂合伙人，并成立谢佛德尼·阿姆（Shepherd Neame Company）公司。谢佛德尼·阿姆是英国历史最悠久的酒厂，啤酒生产历史已经超过500年，2006年被提名为英国最佳家族企业。肯特郡是英格兰著名的啤酒花产地，谢佛德尼·阿姆酒厂超过90%的啤酒花都来自本地。

1990年酒厂推出纪念不列颠空战50周年的喷火肯特艾尔（Spitfire Premium Kentish Ale）。不列颠空战始于1940年7月，1941年10月以德国失败告终，是第二次世界大战中规模最大的空战，喷火（Spitfire）战斗机是英国空军主力机型，为赢得不列颠空战立下不朽战功。谢佛德尼·阿姆公司产品：①喷火肯特艾尔（Spitfire Premium Kentish Ale），酒精度4.5%。②晚红淡色艾尔（Late Red），酒精度4.5%。

◀ 喷火肯特艾尔

◀ 晚红淡色艾尔

▲ 英国乡村酒吧

12. 兰开斯特轰炸机
(Lancaster Bomber)

1807 年丹尼尔·思韦茨（Daniel Thwaites）在英国兰开夏郡（Lancashire）的布莱克本成立了思韦茨啤酒厂（Thwaites Brewery），现在成为拥有酒吧、酒店、酿酒等多种产业的综合性公司（Daniel Thwaites PLC），2011 年成立了丹尼尔精酿啤酒厂（Crafty Dan），兰开斯特轰炸机艾尔（Lancaster Bomber Ale）是思韦茨酒厂的著名品牌，多次获得大奖。兰开斯特轰炸机是第二次世界大战中英国最大的战略轰炸机，以夜间空袭为主要作战手段，1943 年 5 月成功袭击了德国内陆工业中心的水坝，成为第二次世界大战中最为著名的一次空袭行动。主要产品：①兰开斯特轰炸机（Lancaster Bomber），淡色艾尔，酒精度 4.4%。②精酿丹尼（Craft Dan），果味淡色艾尔，酒精度 6.0%。③大本钟（Big Ben），棕色艾尔，酒精度 5.8%。④3C 酒花（triple C），淡色艾尔，酒精度 5.3%。

▲ 兰开斯特轰炸机

▲ 精酿丹尼

▲ 大本钟

▲ 3C 酒花

13. 酿酒狗
(Brew Dog)

2007 年詹姆斯·瓦特（James Watt）和马丁·迪克（Martin Dickie）在苏格兰阿伯丁郡弗雷泽堡（Fraserburgh, Aberdeenshire）成立酿酒狗酒厂，2012 年主要酿酒车间转移至艾伦（Ellon），弗雷泽堡则继续作为研发基地。酿酒狗生产一系列瓶装和听装啤酒，以创新和特立独行闻名，其产品包括艾尔、IPA、世涛和拉格。产品：①放纵之徒黑色艾尔（Libertine Black Ale），酒精度 4.2%。②5 点钟红色爱尔（Five Am Red Ale），酒精度 5.0%。③朋克 IPA（Punk IPA），酒精度 5.6%。④这是拉格（This Is Lager），酒精度 4.7%。

◀ 朋克 IPA

◀ 这是拉格

◀ 放纵之徒

◀ 5 点钟

14. 威廉姆斯兄弟
(Williams Bros)

威廉姆斯兄弟酒厂（Williams Bros）起源于苏格兰格拉斯哥，前身是峡谷自酿啤酒坊（Glenbrew）。1988 年一位女士带来一份叫作"Leanne Fraoch"的盖尔语啤酒配方，翻译后，希望酿酒师威廉姆斯·布鲁斯帮忙复制这种古老的啤酒。布鲁斯经过多次尝试酿制出石楠艾尔，即今天富赫石楠艾尔（Fraoch Heather Ale）原型。随后，布鲁斯在一间小型酒厂中开始试生产石楠艾尔，由于受到石楠生长的季节限制，第一年产量较小，啤酒很快销售一空，同年兄弟斯科特（Scott）加入布鲁斯的行列。第二年石

▲ 富赫石楠艾尔

▲ 艾尔巴松香艾尔

楠艾尔销量继续上升，为确保连续生产，威廉姆斯兄弟将收获的新鲜石楠冷冻起来，供酿酒时取用。威廉姆斯兄弟专注酿制传统苏格兰啤酒，先后推出几款啤酒：阿拉巴苏格兰松香艾尔（Alba Scots Pine Ale），最早由维京人带到苏格兰；格鲁泽醋栗小麦啤酒（Grozet Gooseberry Wheat Ale），是一款16世纪的修道院啤酒；水妖海藻啤酒（Kelpie Seaweed Ale），原产于早期苏格兰西海岸地区；厄布鲁接骨木黑色艾尔（Ebulum Elderberry Black Ale），由威尔士传教士带入苏格兰高地。2005年威廉姆斯兄弟收购一间位于苏格兰阿洛厄（Alloa）的酒厂，并将其更名为威廉姆斯兄弟（Williams bros Brewing Co），开始生产现代啤酒，成为苏格兰产品线最丰富的精酿酒厂之一。产品：①富赫石楠艾尔（Fraoch Heather Ale），酒精度5.0%。②艾尔巴苏格兰松香艾尔（Alba Scots Pine Ale），酒精度7.5%。

15. 艾登
(Eden Mill, St Andrews)

艾登酒厂位于苏格兰海滨城市圣·安德鲁（St Andrews），是苏格兰唯一一家同时生产啤酒和蒸馏酒的酒厂。1810～1869年黑格（Haig）家族在艾登酒厂现址上生产威士忌，2012年艾登酒厂开始生产啤酒，同时生产威士忌和金酒。艾登酒厂没有现代化生产设备，酿制工作全部由手工完成，酿酒师通

▲ 波本威士忌木桶

▲ 沉船 IPA

▲ 艾雷橡木桶陈酿

过观察和感知来控制生产。艾登主要产品：①沉船 IPA（Shipwreck IPA），酒精度 6.2%，传说约翰·霍尼（John honey）在艾登河口的沉船中救起 5 名船员。②波本威士忌木桶啤酒（Bourbon Barrel），酒精度 6.5%，在波本威士忌酒桶中进行后熟。③艾雷橡木桶陈酿（Islay Oka Aged），酒精度 7.0%。

16. 海威斯顿
(Harviestoun)

1987 年肯·布鲁克（Ken Brooker）在苏格兰多勒（Dollar）的小农场里，利用农场设备建成简易啤酒作坊，早期只生产海威斯顿真正艾尔（Harviestoun Real Ale）。1988 年推出原始 80 先令（Original 80/-）、韦弗利 70 先令（Waverly 70/-）和老庄园（Old Manor），1989 年酒厂扩建安装专业酿酒设备。1994 年推出希哈利恩雪山拉格（Schiehallion Lager），取得意想不到的成功，1996 年、1997 年和 1999 年赢得由 CAMRA 举办的英国啤酒大奖赛金奖（Champion Beer of Britain Gold）。1997 年推出比翠啤酒（Bitter & Twisted），现在仍然是旗舰产品，1999 年希哈利恩拉格出口美国，2000 年推出老机油（Old Engine Oil）。2003 年在大英啤酒节上比翠啤酒再次赢得大奖。2004

◀ 比翠金色艾尔

◀ 布洛肯琥珀色艾尔

年新酒厂落成，同年在国际啤酒大奖赛上（International Beer Awards）获得最佳瓶装啤奖。2007 年将老机油在威士忌酒桶中熟化 6 个月生产出奥拉（Ola Dubh），2012 年在美国曼哈顿推出在金酒和黑皮诺葡萄酒桶中熟化的 Bitter & Twisted Zymatore。产品：①比翠金色艾尔（Bitter & Twisted Golden Ale），酒精度 4.2%。②布洛肯琥珀色艾尔（Broken Amber ale），酒精度 4.5%。

▲ 英式酒吧内部

第二节 | 德国品牌 📍

1. 科隆巴赫
(Krombacher)

科隆巴赫（Krombacher）是德国最大的啤酒公司之一，起源于德国锡根（Siegen）

市科隆巴赫（Krombach）。最早关于科隆巴赫小镇的记录出现在1300年前后，当时居民只有100~200人，是锡根到科隆交通线上的休息驿站。1618年德国法律规定只允许酒厂销售啤酒，因此餐厅要销售啤酒必须拥有自己的酒厂。1803 年约翰内斯·哈斯（Johannes Haas）在科隆巴赫开办酒厂向其家庭经营的餐厅提供啤酒，1829 年开始销往其他市镇。1890 年前后科隆巴赫酒厂开始尝试酿制比尔森，质量上乘的比尔森很快受到欢迎。1896 年哈斯将酒厂出售给奥托·艾伯哈特（Otto Eberhardt）。

工业革命给啤酒行业带来巨大影响，只有资金充足、技术先进的酒厂才能生存。19 世纪末和 20 世纪初，科隆巴赫酒厂投资建设大量新设施，1904 年产量达 34 万升，40 年代由于战争的影响产量跌至 19 万升。战后迅速恢复，1959 年生产了 18 万桶和 2 600 万瓶啤酒，1972 年产量达到 1 亿升。科隆巴赫不断走在技术创新前沿，1970 年率先使用大型封闭发酵罐。当鲁尔地区大型酒厂纷纷开始扩大出口时，科隆巴赫则专注本地市场，不断完善其主打产品比尔森。1990 年德国统一，为酒厂带来 1 800 万潜在新客户，1995 年产量达到 4.1 亿升。1996 年开通网站，成为世界上最早通过网络为顾客提供信息的啤酒公司之一。2007 年公司推出小麦啤酒，完美品质在短时间内获得市场认可，2009 年科隆巴赫成为德国足球甲级联赛（Bundesliga）长期官方合作伙伴。科隆巴赫品牌下有 6 个品种：比尔森（酒精度 4.8%）、小麦啤酒（酒精度 5.3%）、巴伐利淡啤酒（Hell）、柠檬啤

▶ 比尔森

▶ 小麦啤酒

酒（Radler）、黑啤、无醇啤酒（non-alcoholic，分为比尔森无醇和小麦无醇）。Radler 是德语 Radfahrer（cyclist）的巴伐利亚方言，指骑自行车的人。据说柠檬啤酒最早出现在 1922 年的慕尼黑，自行车作为一种消遣运动刚刚兴起，一家小酒馆将啤酒和柠檬水按 1∶1 比例调制，向骑行客出售，柠檬啤酒不但解渴，也降低了酒后骑行的危险，非常受消费者欢迎。

2. 碧特博格
(Bitburger)

　　碧特博格是德国销量领先的啤酒品牌，1817 年由约翰·彼得·沃伦伯恩（Johann Peter Wallenborn）创建于莱茵兰—普法尔茨州的比特堡（Bitburg）。1842 年约翰的女儿与路德维希·伯纳德·西蒙（Ludwig Bernard Simon）结婚，后来酒厂转到了西蒙名下，1883 年开始生产比尔森，是波西米亚以外最早生产比尔森的酒厂。1911 年捷克比尔森之源将碧特博格告上法庭，试图禁止德国人使用"比尔森"这个名称。1913 年德意志帝国最高法院驳回诉讼请求，准许碧特博格使用西蒙酒厂德意志比尔森（Simonbräu Deutsch-Pilsener）品名，比尔森成为任何酒厂都可以使用的通用名称，后来德国人使用 Pils 来代表比尔森啤酒。碧特博格酒厂离卢森堡边境只有 20 千米，1886 年首次向卢森堡出口，1893 年运送 16 000

升啤酒到美国芝加哥参加世界博览会。1910 年比特堡开通铁路，酒厂买下一节保温车厢专门运送啤酒，确保长距离运输。第二次世界大战中酒厂被炸毁，战后重建，1949 年产量到达 550 万升。1964 年推出碧特博格啤酒杯，开创专用酒杯先河。1992 年和德国足协（German Soccer Association）以及国家队合作，成为持续到今天的唯一无醇啤酒供应商。1992 年碧特博格生啤（draught beer）销量达 1.2 亿升，成为德国同类第一。1994 年成为一级方程式贝纳通—雷诺车队赞助商，舒梅切尔连续两年夺得了冠军，碧特博格的全球知名度迅速提升。2013 年碧特博

比尔森

格出口到全球 70 个国家，最大的海外市场是意大利、美国和荷兰。碧特博格品牌有三种产品：比尔森（酒精度 4.8%）、柠檬啤酒（Radler）和无醇啤酒（Drive 0.0%）。

3. 兰德博格
(Radeberger)

兰德博格酒厂位于萨克森州德累斯顿附近的拉德贝格镇（Radeberg），是德国首家专业生产比尔森的酒厂。19 世纪中叶捷克比尔森出现后，很快受到萨克森州消费者欢迎，面对捷克啤酒的巨大成功，1872 年古斯塔夫·菲利普（Gustav Philipp）

▲
比尔森

等人在拉德贝格镇成立了博格凯勒酒厂（Zum Bergkeller），开始酿造德国的比尔森。1885 年酒厂改名为兰德博格出口酒厂（Radeberger Exportbrauerei），80 年代末产量达到 30 万箱。1903 年兰德博格出口美国，在美国和加拿大取得成功，20 世纪初 1/3 产量销往北美市场。1946 年前东德政府接管酒厂，改名为人民的兰德博格出口啤酒厂（People's Radeberger Export Brewery），成为前东德最大的啤酒品牌。20 世纪 60 年代末兰德博格一半产量用于出口，远销 30 多个国家。1990 年东、西德统一后，冰顶啤酒公司（Binding Brauerei）收购兰德博格并对其加大投入，兰德博格逐渐成为公司旗舰品牌。2004 年兰德博格被欧科特集团（Oetker Gruppe）收购，从股票市场退市，成为私人公司。历史上曾有很多名人喜爱兰德博格，1888 年铁血宰相俾斯麦把它称为"宰相啤酒"，萨克森国王费雷德里克·奥古斯塔斯三世指定其为宫廷啤酒。

4. 奥丁格
(Oettinger)

奥丁格啤酒公司位于巴伐利亚州奥丁根，是德国销量领先的品牌之一。奥丁格前身是成立于 1733 年的奥丁根王子酒厂（Fürstliche Brauhaus zu Oettingen，Prince's brewhouse at Oettingen），1956 年

▲ 酵母小麦

被转卖给科尔马尔家族（Kollmar family），改名为奥丁格酒厂。

1970 年后德国开始进入超市时代，奥丁格采取新战略建立直接销售渠道，重点放在价格敏感人群上，其产品绝大多数在超市销售，很少出现在酒吧。主要采取以下办法控制成本：①减少广告投入。②采取直销方式，直接将啤酒配送至超市。③提高自动化生产程度。奥丁格在德国有 5 家酿造厂，建立了覆盖全国的销售网络，并将业务扩展到更广泛的饮料领域。2015 年奥丁格有 6 款啤酒获得德国 DLG 奖项。主要产品有：①酵母小麦啤酒（HefeWeißbier），酒精度 4.9%。②黑啤酒（Schwarz），酒精度 4.9%。

*DLG 奖由德国农业协会（DLG）创建于 1885 年。德国农业协会是德国食品和农业发展的非政府组织，致力于促进该领域的科技进步和发展。DLG 奖项按照领先于欧洲的质量标准测评，每年有来自世界各地超过 20 000 种食品参加质量测评。

▲ 黑啤酒

5. 艾丁格
(Erdinger)

艾丁格酒厂位于慕尼黑东北 30 千米的艾丁镇（Erding），专注生产小麦啤酒。1886 年约翰·科尼尔（Johann Kienle）创建了艾丁格前身——白啤酒坊（Weisse

Bräuhaus），1935 年弗兰兹·布隆巴赫（Franz Brombach）买下酒坊，1949 年改名为艾丁格白啤酒厂（Erdinger Weißbräu）。20 世纪 60 年代末，艾丁格成为首个向巴伐利亚以外销售小麦啤酒的厂商，20 世纪 70 年代初出口奥地利。1977 年产量达到 2 250 万升，成为市场领导者，1983 年建设新酒厂，产能达到 6 000 万升。1989 年新建灌装厂，每小时灌装啤酒 11 万瓶，1990 年产量首次超过 1 亿升。其主要产品有：小麦白啤酒（Weißbier，酒精度 5.3%），小麦深色啤（Dunkel，酒精度 5.3%），水晶小麦（Kristallklar）、小麦鲍克黑啤（Pikantus）、小麦淡啤酒（Leicht，酒精度 2.4%)、小麦雪啤酒（Schneeweiße，酒精度 5.6%）等。

小麦鲍克黑啤（Pikantus, dark bock beer），主要在冬季饮用，酒精度 7.3%，是强度最高的艾丁格啤酒，使用精选黑小麦和大麦芽经长时间后熟酿成。淡啤酒（Leicht）是低酒精度、低热量啤酒，酒精度 2.4%，热量比白啤酒少 40%，但口味几乎没有差别。1997 年推出专为冬季酿制的季节性小麦啤酒——雪啤酒，使用当年收获的新鲜大麦，经长时间贮存至 10 月中旬成熟，酒体呈琥珀色，香气浓郁，在 11 月至翌年 2 月之间销售。2008 年推出原创白啤酒（Urweisse，酒精度 5.3%。ur 在德语里是原始、原创），遵照 120 年前建厂时的配方，采用特殊麦芽、酵母以及不同品种的酒花，使其具有了与众不同的风味。

◀ 雪啤酒

◀ 小麦啤酒

◀ 小麦黑啤

◀ 原创小麦

6. 艾英格
(Ayinger)

　　艾英格酒厂位于距离慕尼黑25千米的艾英（Aying）。1876年约翰·李卜哈特（Johann Liebhard）继承了家族产业，包括农场、林场以及酒馆，1877年开始投资建设酒厂，1878年2月2日完工。1926年安装了第一套瓶装灌装设备，1927年购买卡车用于运送啤酒，1929年产量达到100万升，一半销往慕尼黑，1930年产量160万升，1963年产量760万升。1953年在慕尼黑买下位于皇家啤酒馆（Hofbräuhaus）对面的广场酒店（Platzl Hotel），在此销售艾英格啤酒，优越的地理位置使其知名度迅速扩大。1972年现代化工厂投产，每小时处理3万瓶啤酒，1978年酒厂成立100周年时产量达到历史最高的1 600万升，在巴伐利亚1 000多家酒厂中排名第50，同年博物馆建成开放。1999年在酒厂附近挖掘了一眼巴伐利亚地区最深的水井，为酒厂提供源源不断的优质水源。2014年艾英格在欧洲啤酒之星大赛上获得四项大奖，原创小麦（Urweisse，酒精度5.8%）获得金奖，酿制小麦（Bräuweisse，酒精度5.1%）和窖藏啤酒（Kellerbier）获得银奖，老巴伐利亚深色啤（Altbairisch Dunkel.）获得铜奖。

　　*欧洲啤酒之星评奖范围囊括整个欧洲，各国优质啤酒尽数参赛，由啤酒专家和

▶ 原创小麦

▶ 酿制小麦

爱好者共同评判。啤酒专家在 10 月开始盲品，评判标准基于嗅觉和味觉，不同类型啤酒有不同评判标准（色，态，泡沫，透明度，口感）。专家评出金、银和铜奖，如果啤酒爱好者评出的金奖和专家评定的一致，这个奖项被称为"最受专家和啤酒爱好者认可的啤酒"。

7. 教士
(Franziskaner)

Franziskaner 在德语里是方济各会教士，国内将该品牌译作教士啤酒。方济各会是天主教修会之一，1209 年由意大利阿西西的方济各（Franz von Assisi）在教皇英诺森三世批准下创建，提倡清贫生活，衣麻跣足，托钵行乞，效忠教皇，反对异端。

1363 年酒厂在慕尼黑成立，因对面是方济各修道院，因而得名教士酒厂，1841 年搬迁至慕尼黑东郊百合山。1861 年慕尼黑狮百腾酒厂老板加布里埃尔·塞德迈尔的儿子约瑟夫塞·德迈尔（Joseph Sedlmayr）收购了教士酒厂。1865 年约瑟夫塞将其拥有的另一间莱斯特（Leist）酒厂关闭，将生产转移至教士酒厂，1872 年教士啤酒开始参加慕尼黑十月啤酒节。为了应对战后经济困境，1922 年莱斯特、修士以及狮百腾酒厂共同组成股份公司，1935 年管理酒窖的修士形象成为公司新商标，并使用至今天。1964 年首

次酿制小麦啤酒，1984 年教士小麦走出巴伐利亚向全德国销售，2000 年成为德国最畅销的小麦啤酒之一，2003 年销售量首次超过 1 亿升，在竞争激烈的德国小麦啤酒市场稳居前三。为进一步扩大销售量，2005 年慕尼黑狮百腾教士公司（Spaten-Franziskaner）并入国际啤酒巨头英博公司，2009 年英博和安海斯—布希集团合并，成为世界最大啤酒公司——百威英博，百威英博将教士白啤定位为现代经典之作，品牌标识方济各修士传递着质量、和平与安宁。

◀ 小麦啤酒

◀ 小麦黑啤

8. 猛士
(Mönchshof)

猛士酒厂位于德国红美茵河与白美茵河汇合之处的库姆巴赫（Kulmbach），该城标志性建筑普拉森堡（Plassenburg）是德国文艺复兴时期最重要的建筑之一。库姆巴赫有 600 多年的啤酒生产历史，今天仍是巴伐利亚重要的酿酒中心之一，城中建有巴伐利亚酿造博物馆（Bavarian Museum of Brewing）。1349 年库姆巴赫出现第一座修道院，猛士酒厂是修道院的一部分，1803 年脱离修道院成为世俗酒厂。1888 年猛士啤酒获

得布鲁塞尔世界博览会啤酒最高奖项，1892 年酒厂建成直连铁路干线的专用铁路，1893 年获芝加哥世界博览会大奖，1899 年猛士在柏林、莱比锡、德累斯顿等地开设酒吧，1904 年猛士啤酒花园开业，1991 年带有探险花园的猛士酒厂酒吧开业（Mönchshof-Bräuhaus with adventure garden），访客达 5 万人。1993 年原味比尔森（Original）上市，1994 年巴伐利亚酿造博物馆在猛士酒厂开馆。1996 年和其他酒厂共同组成库姆巴赫酿酒公司（Kulmbacher brewery AG），1998 年开始使用怀旧风格的翻转式瓶盖，2004 年窖藏啤酒（Kellerbier，酒精度 5.1%）上市，2008 年成为德国销量最大的翻转式瓶盖特制啤酒（special brew），2011 年巴伐利亚淡色啤酒（Bayerisch Hell，酒精度 5.1%）上市，2013 年窖藏啤酒成为德国同类销量第一。其他产品有黑啤酒（Schwarzbier，酒精度 5.8%）、鲍克（Bockbier，酒精度 5.8%）和五月鲍克（Maibock）等。

◀ 猛士黑啤

9. HB
(Hofbräu)

HB 指慕尼黑皇家啤酒厂（hof 皇家，bräu 啤酒厂）。16 世纪时，嗜酒的巴伐利亚公爵威廉五世（1548—1626）不喜欢慕尼黑本地啤酒，不得不经常花大价钱从下萨克森的艾因贝克进口啤酒。1589 年 9 月 27 日财务主管建议开办王室酒厂，威廉欣然同意，

当天即任命海梅兰（Heimeran Pongratz）为皇家酒厂首席酿酒师，负责酒厂建设。

▲ 黑色小麦

王室继任者马克西米利安一世不喜欢时下流行的棕色啤酒，更偏好小麦啤酒，1602年禁止私人酒厂酿制小麦啤酒，从此皇家垄断小麦啤酒生产长达400余年。1605年皇家酒厂生产了14万升啤酒，可是仍难以满足市场需求，1607年开始在慕尼黑市政广场建设新酒厂。1610年以前，小麦啤酒只允许出售给王室成员和公职人员，为筹措新酒厂建设资金，1610年后王室准许慕尼黑酒馆向民众出售皇家酒厂出产的小麦啤酒。1614年皇家酒厂按照艾因贝克的方法生产出了"五月鲍克"（Maibock），1632年瑞典军队占领慕尼黑时，据说巴伐利亚人献上344桶皇家五月鲍克，阻止了瑞典人的劫掠。

酒厂还开办了皇家酒厂酒馆（Hofbräuhuas）。皇家酒厂酒馆原本只对公职人员开放，1828年公爵路德维希允许向普通民众开放，1844年10月1日路德维希将1升皇家啤酒价格从6.5克朗降到5克朗，用他的话说："让老百姓和士兵们都能够喝得起健康爽口的皇家啤酒。"1852年酒厂由王室转为巴伐利亚国有，称为"德国皇家啤酒厂"，1939后改称为"慕尼黑国有皇家啤酒厂"。皇家酒厂和酒馆挤在一个屋檐下，空间越来越局促，摄政王路易波德决定将酒厂

▲ 小麦啤酒

搬出市政广场。1896年9月2日老酒厂拆除，在酿酒车间原址上兴建酒吧，办公楼改造成餐厅，新皇家酒馆1897年9月22日开业。第二次世界大战中皇家酒馆遭到多次轰炸，1945年战争结束时酒吧仅有一小部分还能营业，酒厂也遭到严重破坏，直到1958年慕尼黑建城800年庆典时，酒厂才完成重建工作。

1949年慕尼黑十月啤酒节恢复举办。1950年历史上首次由慕尼黑市长打开第一桶啤酒，开幕仪式在斯乔特哈默尔（Schottenhammel）大棚中举行，以前这里只销售狮百腾啤酒，而今年第一桶酒却是HB。斯乔特哈默尔家族没有和狮百腾就价格达成协议，转而和HB酒厂合作。1972年HB酒厂搭建了啤酒节上规模最大的大棚，可以容纳1万人。1986年新皇家酒厂在慕尼黑郊区兴建，1988年11月完工，采用最先进生产设施，年产量可达2500万升，成为欧洲最现代化的啤酒厂。2012年产量超过3000万升，是酒厂400年历史上的首次，其中一半出口国外。HB最畅销的啤酒是原味（original），占销量的52%；第二是特制季节啤酒，比如五月鲍克（Maibock）、十月节日啤酒（Hofbräu Oktoberfestbier）等，合计占23%，小麦啤酒（包括白、黑两种，酒精度均为5.1%）占20%。

▲ 慕尼黑 HB 皇家啤酒馆

▲ 慕尼黑皇家酒馆啤酒花园

10. 国王路德维希
(König Ludwig)

国王路德维希酒厂坐落于凯尔腾贝格（Kaltenberg），所有人是巴伐利亚末代国王路德维希三世的重孙——路易波德王子。凯尔腾贝格位于慕尼黑以西 50 千米，意为凯尔特山，曾经是凯尔特人定居点。13 世纪时巴伐利亚鲁道夫公爵在山上建造了城堡，后数次被毁而又重建，所有权在皇家、教会和平民间几次易手，现存城堡建设于 1670 年，1848 年左右按照新哥特式风格进行了改造。和德国其他城堡一样，凯尔腾贝格也建有酿酒厂，1872 年开始商业化生产和销售啤酒。

◄ 淡色小麦

◄ 深色啤

巴伐利亚统治者维特尔斯巴赫家族与啤酒有很深的渊源，1516 年威廉四世颁布啤酒纯净法，1589 年威廉五世创建皇家啤酒厂。今天酒厂所有者王子路易波德出生于 1951 年，1976 年接管酒厂后开始大力发展黑色拉格，花费近 3 年时间精心酿制出国王路德维希深色啤酒（König Ludwig Dunkel），1976 年城堡酒厂年产量是 250 万升，20 世纪 90 年代初达到 850 万升。路易波德在城堡附近菲尔斯滕费尔德布鲁克（Furstenfeldbruck）兴建了规模更大的生产车间，生产金色拉格和小麦啤酒。2004 年总产量达到 3 400 万升，城堡内产量接近 1 000 万升，城堡内还设有餐厅、酒吧以及能容纳 2 000 人的啤酒花园。产品有：①淡色小麦啤酒（Weissbier hell），酒精度 5.0%。②深色啤（Dunkel lager），酒精度 4.6%。

11. 维森
(Weihenstephan)

维森啤酒厂全称是巴伐利亚州维森啤酒厂（Bavarian State Brewery Weihenstephan），坐落在慕尼黑北部弗赖辛市维森山上，由巴伐利亚州政府所有。公元 725 年，传教士圣·科比尼亚和 12 个随从在维森山创建了本笃会修道院（Weihenstephan, Sacred Stephen，意为神圣斯蒂芬），从此开启维森啤酒的传奇。1040 年主教阿诺德（Arnold）从弗赖辛市政

界上历史最悠久的酒厂，从维森走出去的酿酒师在世界各地传播着酿酒技术。主要产品有：酵母型小麦啤酒（酒精度 5.4%）、酵母型小麦黑啤酒（酒精度 5.3%）、清淡小麦啤酒（leicht wheat beer）、水晶小麦啤酒、慕尼黑淡色拉格以及比尔森等。

12. 普拉纳
(Paulaner)

普拉纳酒厂是慕尼黑啤酒节 6 家啤酒厂商之一。酒厂由天主教会最小兄弟派（Order of Minims）纽德克·奥博·德欧（Neudeck ob der Au）修道院创建，名字取自教派创始人保拉的圣·方济各（St.Francis of Paola, 1416—1507），成立具体年代不详，最早的记录出现在 1634 年。修士们在封斋节（lent）期间酿制烈性鲍克啤酒作为主要营养来源，并称之为救世主（Salvator 拉丁语，英文 Saviour），修道院把剩余啤酒送给穷人或通过修道院酒馆销售。修道院啤酒受到慕尼黑市民欢迎，影响了其他酒厂的生意，1634 年酒商们写信给市议会抗议修道院酒厂，这是历史上关于普拉纳酒厂最早的记录。

当局获得酿制和销售啤酒的许可，修道院酒厂正式诞生。1085 年到 1436 年维森修道院被焚毁 4 次，而后经历瘟疫、饥荒、战乱和地震等灾难，但本笃会教众顽强坚守不断重建，并坚持啤酒生产。1803 年 3 月 24 日巴伐利亚王室将修道院财产充公，酒厂在宫廷管理下进一步发展。1852 年巴伐利亚中央农业学校迁到维森，1919 年发展成为农业和酿酒大学，1930 年并入慕尼黑理工大学，维森逐渐成为酿酒技术中心，来自世界各地的人在这里学习酿酒。1921 年酒厂改名为巴伐利亚州维森啤酒厂，1923 年开始使用巴伐利亚州印章作为公司标识。今天的维森是世

1773 年修士巴纳巴斯（Brother Barnabas）来到修道院，改进生产工艺，啤酒口味和质量得到很大提升，今天的救世主啤酒（Salvator，国内也译作萨温特）仍然沿用当时的生产工艺和配方。18 世纪末普

◀ 救世主

◀ 淡色啤酒

◀ 酵母小麦

◀ 黑色小麦

拉纳年产量达到巴伐利亚其他酒厂平均水平的4倍。1799年纽德克修道院被解散，1806年法兰兹（Franz Xaver Zacherl）买下酒厂，进行改造和扩建，1837年巴伐利亚国王路德维希一世宣布救世主啤酒为奢侈品。1844年慕尼黑发生抗议啤酒涨价的示威，愤怒的市民冲击了很多酒厂，普拉纳因为质量上乘而毫发无损。由于仿冒者不断出现，1896年普拉纳在德国专利办公室注册了救世主（Salvator）商标，1928年和托马斯（Gebrüder Thomas）酒厂合并成立普拉纳·萨温特·托马斯酒厂（Paulaner Salvator Thomas Bräu）。1989年在慕尼黑开办首家自酿啤酒坊，随后又在北京、上海、新加坡等地开办。1999年普拉纳啤酒销量超过2亿升，2000年小麦啤酒销售量超过1亿升。2005年在德国率先推出酵母型无醇小麦啤酒，口感非常接近真实啤酒。2013年在纽约和重庆开办自酿啤酒坊，2014年在慕尼黑郊区建设现代化新厂区。主要产品有：①救世主（Salvator），双料鲍克，酒精度7.9%。②慕尼黑淡色啤酒（Munchner Hell），酒精度4.9%。③酵母小麦（Hefe-weißbier），酒精度5.5%。④黑色小麦（Hefe-weißbier, Dunkel），酒精度5.3%。

13. 施纳德白啤酒
(Schneider Weisse)

施纳德酒厂位于慕尼黑，专门生产小麦啤酒。1602 年巴伐利亚公爵马克西米利安一世禁止私人酒厂酿制小麦啤酒，从此皇家垄断了小麦啤酒生产。比尔森流行后，小麦啤酒销量持续下降，1855 年宫廷酿酒师乔治·施纳德一世（Georg I Schneider）租下皇家小麦酒厂。1872 年皇家酒厂停止生产小麦啤酒，施耐德买下了独家酿造权，随后在慕尼黑塔尔大街（Tal）开办施纳德白啤酒厂（Weisse Bräuhaus G.Schneider & Sohn），继续生产小麦啤酒，使其摆脱灭亡命运。1907 年施纳德三世遗孀玛蒂尔德（Mathilde）推

出巴伐利亚第一款小麦双料鲍克亚万缇诺斯（Doppelbock, Unser Aventinus），名字取自巴伐利亚著名历史学家亚万缇诺斯（Johannes Aventinus），日后成为施纳德最受欢迎的产品，即今天的 TAP6，其配方从诞生之日起从未改变。1927 年酒厂买下慕尼黑北部凯尔海姆（Kelheim）的一间酒厂，1944 年慕尼黑市区施纳德酒厂被战火摧毁，1945 年以后凯尔海姆成为唯一生产基地。1993 年施纳德白啤酒馆（Weisses Bräuhaus）重新出现在塔尔大街原址，现在成为慕尼黑最具传统特色的啤酒屋。施纳德产品：① TAP1 金色小麦（Meine blonde Weisse，酒精度 5.2%）。② TAP2 水晶小麦

▲ TAP1　　▲ TAP2　　▲ TAP5　　▲ TAP6　　▲ TAP7

（Mein Kristall，酒精度 5.3%）。③ TAP3 无醇小麦（Mein Alkoholfreies）。④ TAP4 有机小麦（Mein Grünes，酒精度 6.2%）。⑤ TAP5 多花小麦（Meine Hopfenweisse，酒精度 8.2%）。⑥ TAP6 经典亚万缇诺斯（Unser Aventinus，酒精度 8.2%）。⑦ TAP7 经典原味小麦（Unser Original，酒精度 5.4%）。⑧ TAP11 淡味小麦啤酒（Unsere leichte Weisse，酒精度 3.3%）。⑨亚万缇诺斯冰鲍克（Aventinus Eisbock，酒精度 12%）等。

14. 卡力特
(Köstritzer)

卡力特酒厂位于德国图林根州巴特·克

◀ 卡力特黑啤

斯特里茨（Bad Köstritz），是德国历史最悠久的酒厂之一，长期坚持黑啤生产。1543年卡力特（Köstritzer Erbschenke）酒厂成立，首款产品是黑色拉格，1892 年宰相俾斯麦在信中夸奖"卡力特是最出色的啤酒"。1956 ~ 1976 年卡力特出口西德，是冷战期间东德少数几家啤酒外销企业。1991 年碧特博格公司收购卡力特，年产量 1 450 万升，2004 年上升至 9 100 万升。1993 年卡力特诞生 450 周年，同年登上德国黑色拉格销售冠军宝座，并保持至今。2013 年 9 月 15 日德国总理默克尔在竞选活动中来到卡力特酒厂，在 6 000 名宾客面前举起了德国销量第一的黑啤——卡力特。卡力特出口世界 50多个国家，中国的销量增长迅猛。卡力特除黑啤（Schwarzbier，酒精度 4.8%）外，还生产窖藏啤酒、比尔森等产品。

15. 凯撒
(Kaiserdom)

凯撒酒厂位于德国巴伐利亚班贝格市（Bamberg）。班贝格坐落在七座丘陵之上，处于弗兰肯文化圈核心位置，有上千年历史，被誉为"弗兰肯小罗马"，最著名的建筑是高高耸立的皇帝大教堂（Kaiserdom Cathedral）。1007 年班贝格被亨利二世（Heinrich II）选为主教和王室用地后成为教区中心，教堂也因此被叫作皇帝大教堂（Kaiserdom Cathedral, kaiser 德语 皇

◀ 酵母小麦

◀ 黑色拉格

◀ 比尔森

◀ 窖藏啤酒

帝）。班贝格酿酒历史悠久，1039 年的文献中已经有记载，1489 年班贝格主教海因里希三世（Heinrich III）颁布班贝格纯净法（Bamberger Purity Law），规定只能使用水、酒花和大麦芽酿制啤酒，比巴伐利亚纯净法早了 27 年。

18 世纪初格奥尔·摩根（Georg Morg）在班贝格附近的高斯塔德（Gaustadt）村租赁经营着一间隶属于本笃会修道院的酒馆，1718 年摩根开办了高斯塔德酒厂（Gaustadt Brewery）。1953 年产量 60 万升，1969 年 3 月新酒厂落成，其后不断扩建，今天酒厂占地 55 000 米 ^{2}，年产量 3 000 万升。1972 年高斯塔德成为班贝格市行政区，酒厂推出凯撒（Kaiserdom）品牌，品牌标识的半身人像来自国王大教堂里的骑马人像雕塑。1976 年在教堂献祭庆典期间，凯撒比尔森首次亮相即取得巨大成功，1978 年凯撒啤酒走向海外，是较早进入中国市场的德国品牌。产品：①酵母小麦（Hefe-weißbier），酒精度 4.7%。②黑色拉格（Dark Lager），酒精度 4.7%。③比尔森（Pilsener），酒精度 4.7%。④窖藏啤酒（Kellerbier），酒精度 4.7%。

16. 力兹堡
(Licher)

1854年约翰·海因里希·杰灵（Johann Heinrich Jhring）在黑森州利希（Lich, Hessen）开办酒厂，向其家族经营的客栈供应啤酒。4年后，15千米外的布茨巴赫镇（Butzbach），克里斯托弗·雅各布·梅尔茨（Christoph Jacob Melchior）开办了甘布赖纳斯（Gambrinus）酒厂，1922年两家酒厂合并为杰灵·梅尔茨（Jhring Melchior）酒厂，在黑森州中部地区力兹堡（Licher）啤酒非常受欢迎。1941年力兹堡产量首次超过

1 000万升，1988年成为法兰克福地区领导品牌，2006年推出小麦啤酒，2007年被碧特博格集团收购。2013年力兹堡出口至35个国家，出口量达到200万升，最大海外市场是意大利。力兹堡产品主要有拉格、小麦（酒精度5.4%）和出口型拉格。

17. 百帝王
(Benediktiner)

百帝王是德国艾塔修道院（Ettal Abbey）的啤酒品牌。艾塔修道院位于巴伐利亚南部邻近奥地利边境的艾塔村（Ettal）。

◀ 酵母小麦

◀ 酵母小麦

1330 年神圣罗马帝国皇帝路易斯四世（Emperor Louis IV）创建了本笃会艾塔修道院，时至今日依然是巴伐利亚最大的修道院之一。早期艾塔修道院从事酿酒和农业生产，15 和 16 世纪在附近的上阿默高村（Oberammergau）拥有一间酒厂，1609 年修道院内部新建酒厂，啤酒生产历史已经超过 400 年。修道院内部生产的小麦啤酒在德国和奥地利销售，修道院委托力兹堡酒厂按照相同标准生产啤酒，由碧特博格集团负责销往其他海外市场。

西柚小麦

18. 雪芙豪夫
(Schöfferhofer)

彼得·绍夫（Peter Schoffer 1425—1503）是西方金属活字印刷术发明人古腾堡（Johannes Gutenberg）的学徒，1457 年成立福斯特和绍夫（Fust and Schöffer）印刷所，对印刷技术进行多项革新，制作出很多著名印刷品。1978 年在德国美因茨（Mainz）绍夫的旧居中建成了一间啤酒厂，品牌取名雪芙豪夫（Schöfferhofer，绍夫的房屋），使用绍夫肖像作为商标，现归属于兰德博格啤酒集团。雪芙豪夫专门生产小麦啤酒，主要产品有酵母型小麦啤酒（酒精度 5.0%）、小麦黑啤和世界首款小麦西柚啤酒（Grapefruit，50% 小麦啤酒和 50% 西柚汁调制，酒精度 2.5%）。

酵母小麦

19. 弗伦斯堡
(Flensburger)

1888 年在德国北部石荷州邻近丹麦的城市弗伦斯堡（Flensburg），五位市民成立了弗伦斯堡私人啤酒厂（Flensburg Private Brewery），20 世纪 30 年代发展成为石荷州最大酒厂之一。20 世纪 60 年代绝大多数酒厂开始采用成本低廉的皇冠金属盖，弗伦斯堡则坚持采用翻转瓶盖，成为世界上最大的全部使用旋转瓶盖的酒厂，酿酒用水来自斯堪的纳维亚的冰川融水，是其鲜明特色之一。弗伦斯堡是德国少数不属于大型啤酒集团的独立酒厂之一，大部分股份仍由始创的彼得森（Petersen）和德斯芬森（Dethleffsen）家族持有。主要产品有比尔森（pilsener）、金色啤酒（gold）、深色啤（dunkel）、小麦啤酒（weizen，酒精度 5.1%）和冬季鲍克（winterbock）等。

▲ 小麦啤酒

▲ 十月啤酒节

第三节 | 比利时品牌📍

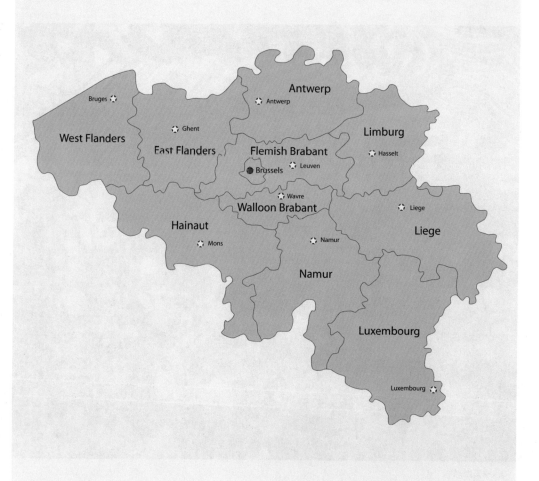

一、特拉普啤酒

1. 阿诗
(Achel)

阿诗酒厂隶属于比利时阿诗（Achel）

地区圣·本笃修道院（Abbey of Saint Benedict，也叫 Achelse Kluis，阿诗修道院）。修道院隐藏在比利时西部靠近荷兰边境的森林中，紧邻小溪，几百年来一直是修行和劳作的理想之地，1656 年就有荷兰天主教徒生

▲ 阿诗金 8 度

▲ 阿诗棕 8 度

活在这里。1686 年来自荷兰埃因霍温的帕图斯（Petrus van Eynatten）在此创建修道院，逐渐成为阿诗地区人们的精神家园，法国大革命时期修道院被摧毁，1845 年西麦尔修道院（the Abbey of Westmalle）修士重建了阿诗。长久以来，阿诗修道院一直从事农业生产和奶牛养殖，坚持手工制作面包、奶酪、啤酒等。第一次世界大战期间，酒厂的铜质糖化锅被德国军队拆除用于制造武器，修道院从此停止啤酒生产，只能依靠种植蔬菜、养殖奶牛维持生活。出于保护自然的目的，1989 年修道院将大部分耕地卖给荷兰国家森林管理委员会和佛兰德地区政府，同年在西麦尔和罗斯福修道院的帮助下重建阿诗酒厂。阿诗啤酒按照酒精度分为 5%、8% 和 9.5% 三个系列，分别为阿诗金 5%（Achel Blond 5°），阿诗棕 5%（Achel Bruin 5°，Bruin 荷兰语棕色），阿诗金 8%（Achel Blond 8°），阿诗棕 8%（Achel Bruin 8°），阿诗特制金（Achel Extra Blond），阿诗特制棕（Achel Extra Bruin）。5% 系列是生啤酒，仅在修道院开设的酒吧销售，8% 系列和特制棕在世界各地售卖，而特制金只在修道院内出售。

2. 智美
(Chimay)

智美酒厂位于比利时埃诺省智美地区（Chimay），隶属斯高蒙特修道院（Scourmont Abbey）。1850 年夏季，17 名西佛莱特伦修道院（Westvleteren Abbey）修士来到偏僻荒凉的斯高蒙特高原，从智美王子约瑟夫那里获得一块土地，在2.5公顷土地上挖掘出2 600米³石块，完全依靠自己的力量建起斯高蒙特修道院。早期修道院购买啤酒用于消费，1862年开始自己生产，首款产品是巴伐利亚双料鲍克啤酒，很快智美受西佛莱特伦的影响生产出红帽的前身——一款高发酵度的黑色啤酒，由此开启智美啤酒的传奇历史。

和其他修道院不同，智美并不羞于推销啤酒，修道院让教众帮忙宣传智美，质量是它的最大卖点，人们评价它"卫生，营养丰富，用料上乘"，当地医生甚至把智美啤酒当成治疗手段，修道院建有一个生产

"医药"啤酒的小型酒厂，在第二次世界大战中遭到毁坏。1948年使用修士夏塞里奥（Théodore）培养出的新酵母酿制出智美蓝帽，早期蓝帽仅在圣诞期间销售，由于非常受欢迎，改为全年生产，蓝帽750毫升酒瓶上有"Grande Réserve"（法语，伟大窖藏）这个标识，类似优质葡萄酒的Grand Cru。1966年智美推出三料啤酒——白帽，1986年庆祝智美公国成立500周年，推出750毫升瓶装白帽，并命名为"Cinq Cents"（法语，五百年）。智美金帽（Dorée，法语金色），颜色金黄，酒精度4.8%，原本只供应修道院及附属酒店，现上市销售。产品有：①白帽（Triple），酒精度8.0%。②蓝帽，酒精度9.0%。③红帽（Bruin），酒精度7.0%。④金帽（Dorée），酒精度4.8%。

白帽　红帽　蓝帽　金帽

3. 奥威
(Orval)

奥威酒厂位于比利时东南部高默
（Gaume）地区，隶属于奥威圣母修道院
（Abbaye Notre-Dame d'Orval）。奥威是山谷
的名字，连接法国和德国的古罗马大道穿过
该山谷。1070 年意大利传教士来到奥威，开
始建设教堂和修道院，1132 年正式成为熙笃
会第 53 个修道院——奥威修道院，修士们
用优质泉水酿制出美味啤酒。1793 年修道院
在法国大革命中遭到破坏，从此荒废。1926
年奥威修道院重新获得这片土地，随后进行
长达 20 年的建设，新奥威修道院深受法国
勃艮第丰特莱修道院影响，成为不朽的建筑
杰作。1931 年修道院酒厂落成，1932 年奥威
啤酒对外销售，成为建设修道院的主要资金
来源，是率先在比利时全国范围内销售的特
拉普啤酒，目前只有一种产品，酒精度 6.2%。

奥威

奥威啤酒的商标还有一段传说：1070
年意大利托斯卡纳伯爵夫人马蒂尔达
（Countess Matilde Of Tuscany）经过奥威，
坐在泉水旁休息，不小心结婚戒指掉落水中，
她无计可施只能默默祈祷。突然一条鳟鱼嘴
含戒指从水中跃起，伯爵夫人目瞪口呆，惊
叫道："这真是一个 Val d'Or（法语金谷）。"
为表达感激之情，伯爵夫人在这里捐资修建
了 Orval（Val d'Or 的读音）修道院，嘴含戒
指的鳟鱼成为奥威啤酒的标志。

4. 罗斯福
(Rochefort)

罗斯福酒厂位于比利时那慕尔省阿
登地区罗斯福镇，隶属于圣母雷米修道院
（Abbey of Notre-Dame de Saint-Remy），
也称罗斯福（Rochefort）修道院。1230 年
罗斯福公爵吉尔斯（Gilles de Walcourt）为
修女们修建了圣母塞古斯修道院（Secours
de Notre-Dame），1464 年菲利普修道院
（Félipré）修士们和修女们进行交换，成为
罗斯福的新主人。此后修道院经历一系列劫
难，1568 年被新教徒军队破坏，重建后在

法国大革命期间再次被毁掉，1887年重建。早在1595年罗斯福修道院已经开始酿制啤酒，1899年新酒厂投入使用，荷兰修士泽米（Zozime）成为首任酿酒师，而后修士多米尼克赴比利时鲁汶大学专门学习酿酒，在多米尼克管理下啤酒质量逐渐趋于稳定。1918年德国占领军拆掉酒厂设备，生产被迫停止。第二次世界大战后，罗斯福销量下降，智美决定帮助罗斯福。鲁汶大学教授德克勒克（Declerck）是智美酒厂取得成功的功臣，在德克勒克帮助下，罗斯福完善工艺，加强微生物控制，1950年代生产出罗斯福8号和10号，很快在特拉普啤酒市场上树立了良好形象。依据酒精度不同，罗斯福分为6号、8号和10号：6号历史最悠久，1958年前是罗斯福唯一的瓶装啤酒，瓶盖红色，酒精度7.5%，酒体红色，每年只酿制一次；1955年为庆祝新年，推出特别酿制的8号啤酒，1960年以后转为常年生产，是罗斯福产量最大的啤酒，绿色瓶盖，酒精度9.2%，酒体棕黄色；罗斯福10号，蓝色瓶盖，酒精度11.3%，酒体红棕色。

◀ 罗斯福6号

◀ 罗斯福8号

◀ 罗斯福10号

5. 西麦尔
(Westmalle)

西麦尔酒厂位于比利时北部西麦尔，隶属于海利希·哈特修道院（Onze-Lieve-Vrouw van het Heilig Hart，简称西麦尔修道院）。1794 年 6 月 6 日，10 个法国修士来到比利时安特卫普西北的丛林沼泽，开始修建修道院，希望给这片饱受战争蹂躏的土地带来福音。修道院位于麦尔（Malle）以西，因此得名西麦尔（Westmalle）。法国大革命爆发后，修士们不得不逃亡德国，修道院遭到破坏。1802 年修士们重建修道院，1842 年正式成为特拉普修道院。1830 年赫尔曼（Bonaventura Hermans）被任命为首席酿酒师，他以前是药剂师兼医生，熟练使用各种草药；1848 年酿酒师汉姆（Ignatius van Ham）加入西麦尔，啤酒质量进一步提升。1900 年左右西麦尔推出瓶装啤酒，第一次世界大战后 1922 年恢复生产，酿制特制大麦（extra barley, extra gersten）和双料棕啤（dubbel bruin, double brown）。1926 年对配方进行改良，今天的双料西麦尔就是基于当年配方。1933 年注册"特拉普啤酒"（Trappistenbier）商标，1934 年新酿酒车间落成，生产出世界上首款三料啤酒，三料的成功使西麦尔越来越受欢迎。修道院努力避免传统酿酒活动被完全商业化，主动限制过度发展，在佛兰德地区只向经过挑选的 250 家酒吧供应生啤，酒吧的形象、声望以及经

◀ 三料

◀ 双料

销的啤酒种类都应符合修道院要求。修道院不仅有酒厂，还拥有300公顷土地和牛奶厂，手工奶酪也非常受欢迎。西麦尔有三款啤酒：①双料（Westmalle Dubbel），酒精度7%。②三料（Westmalle Tripel），酒精度9.5%。③西麦尔特制（Westmalle Extra），酒精度5%，只供应修道院内部。

6. 西佛莱特伦
(Westvleteren)

西佛莱特伦酒厂位于比利时西部佛莱特伦（Vleteren），隶属于圣·西斯科特修道院（Sint Sixtus Abbey，通常叫Westvleteren，西佛莱特伦修道院）。

历史资料显示，西佛莱特伦修道院出现前，在现址先后存在过三个修道院，最早的是公元806年的贝伯纳修道院（Cella Beborna）。1815年比利时人维克多（Jean Baptiste Victor）来到西佛莱特伦，隐居在西斯科特丛林（Sixtus woods），1831年夏几个法国凯斯博格（Catsberg）修道院修士来到这里，加入到他的行列，共同兴建了一间小型修道院（priory），并取名为圣·西斯科特（Sint Sixtus），1871年正式获得了修道院身份（Abbey）。

建设期间，修道院每天向工人们提供两杯啤酒，为节省开支，教士们动手自己酿制啤酒，酒精度只有2%，和今天的西佛莱特伦大相径庭。1838年开始将剩余啤酒向访客出售，1839年真正意义上的酒厂开始生产，第一次世界大战和第二次世界大战期间，西佛莱特伦是战争期间唯一未停产的特拉普酒厂。1931年修道院开始向社会公开销售啤酒，1945年主教杰拉德（Gerardus）感觉啤酒生产牵扯太多精力，认为商业化生产不符

▲ 12 号

▲ 12 号瓶盖

合修道院的追求，决定缩小生产规模，1946年授权圣·伯纳酒厂生产圣·西斯科特牌啤酒，修道院保持小规模生产用于自己消费，同时向访客出售。1992年与圣·伯纳合作期满，修道院收回授权，同年对酒厂进行改造。由于法律环境和管理要求发生变化，1992年起西佛莱特伦严格遵照特拉普啤酒规定，在修道院内由教士们自己酿制，产量维持在较低水平。西佛莱特伦不向商业机构出售啤酒，只向个人访客出售，并对购买量进行限制，这些行为都和现代商业规则相背离。主教在新酒厂落成仪式上说："我们不是酿酒师，我们是修士，酿酒是为了让我们有继续做修士的能力。"

西佛莱特伦酒瓶上没有标签，也没有文字，信息都印刷在瓶盖上，由于瓶盖太小，西佛莱特伦成为唯一没有ITA标识的特拉普啤酒，ITA标识印制在木质包装箱上。有些酒瓶上有商品标签，这是未经授权由他人张贴的，比如美国进口商为满足美国法律要求，在其酒瓶上贴上标签。如果想要享受西佛莱特伦只有两个途径，一个是到修道院酒吧现场饮用，另一个是通过电话订购，上门取货，修道院规定60天内每个车牌照、每个电话号码只能预订一次。最初，每辆车允许购买10箱，每箱24瓶，后来啤酒需求量大增，修道院不断地降低标准，5箱、3箱、2箱，最后变成了1箱。购买者要保证只用于

个人消费，不能转卖给第三方，销售收据写着"不能再次销售"（Niet verder verkopen, Do not resell），因此修道院以外的销售行为是未经允许的，修道院强烈反对转卖啤酒，通过媒体不断呼吁抵制未经授权的流通行为。为筹措维修资金，2011年修道院历史上首次和零售商克鲁特（Colruy）合作推出9 300个啤酒礼盒，含6瓶西佛莱特伦12号和2个酒杯，与以往不同，瓶身上印有"西佛莱特伦12号"字样，修道院将促销券印刷在合作媒体上，消费者需要凭借促销券才能买到礼盒。西佛莱特伦销售三种啤酒：①金色啤酒（Blonde），绿色瓶盖，酒精度5.8%，1999年6月10日上市。②8号，蓝色瓶盖，酒精度8%。③12号，黄色瓶盖，酒精度10.2%，1940年上市。

二、修道院啤酒

7. 埃弗亨
（Affligem）

埃弗亨修道院（Affligem Abbey）坐落在比利时佛兰德地区埃弗亨（Affligem），位于布鲁塞尔西北12千米。1074年6个骑士放弃戎马生涯来到埃弗亨建起一间小教堂，1085年开始采用圣·本笃会戒律，1086年正式成为本笃会修道院，逐渐成为比利

时最重要的修道院之一，1129年埃弗亨修道院有200名修士，拥有大量农田及葡萄园，对当地经济有颇大贡献。1086年鲁汶公爵成为修道院保护者，其很多家族成员死后葬在这里，包括英格兰王后阿德里西亚（Adeliza，1151年）和其父亲鲁汶公爵戈弗雷一世（Duke Godfrey I of Leuven，1139年）。埃弗亨绝佳的地理位置给其带来很多灾难，经过不断破坏和重建，1580年奥兰治王子威廉[1]彻底把教堂夷为平地。法国大革命期间，埃弗亨修道院的土地、财产和艺术品被拍卖，教士们被驱逐。1870年

教士们重返修道院，1880年新教堂落成，1885年酒厂建成，1895年开始生产牛奶和奶酪。1956年修道院关闭酒厂，1970年授权德·斯梅特酒厂（De Smet brewery）生产埃弗亨修道院啤酒，而后酒厂改名为埃弗亨酒厂。今天修士们不直接参与啤酒生产，而是监管配方和品牌运营，部分收入用来维持修道院运转和支持慈善事业。埃弗亨主要产品：①金色啤酒（Affligem Blonde），酒精度6.8%。②双料（Affligem Dubbel），酒精度7%。③三料（Affligem Tripel），酒精度9.5%。④Affligem Patersvat，酒精度6.8%。

◀ 双料

◀ 三料

◀ 金色

[1] 荷兰王室的前身。

8. 乐飞
(Leffe)

乐飞（Leffe）修道院成立于1152年，全名是乐飞圣母修道院（Abbaye Notre-Dame de Leffe），位于比利时南部那慕尔省默兹河畔（Meuse River），属天主教普雷蒙特雷修会（Premonstratensian）。

1240年乐飞修道院买下默兹河对岸的一间酒厂，并指派一名修士对酒厂进行管理，不久后将酒厂搬迁至修道院内。1794年法国大革命期间修道院被收归国有，资产被分割变卖，酒厂维持生产至1809年，后被彻底废弃。1902年乐飞修道院开始重建。1952年修道院资金紧张，主教纳斯（Nys）授权啤酒商人阿尔伯特（Albert Lootvoet）生产乐飞修道院啤酒，同年乐飞黑啤上市，立刻受到市场欢迎。1977年阿图瓦酒厂（Brasserie Artoist，时代啤酒）收购阿尔伯特酒厂，乐飞被转移到蒙·圣·吉贝尔（Mont Saint Guibert）生产，1987年阿图瓦酒厂和佩德伯夫（Piedboeuf）合并成为英特布鲁（Brasserie Interbrew），现乐飞啤酒由百威英博集团按照1240年传统配方生产。乐飞主要产品：①乐飞金色啤酒（Leffe Blonde），酒精度6.6%。②乐飞棕色啤酒（Leffe Brune），酒精度6.5%。③乐飞三料（Leffe Triple），酒精度8.5%。

◀ 棕色啤酒

◀ 金色啤酒

9. 圣·佛洋
(St. Feuillien)

圣·佛洋酒厂坐落在比利时埃诺省蒙斯市（Mons）勒勒（Le Roeulx），距布鲁塞尔40千米。7世纪，爱尔兰人佛洋（Feuillien）来到比利时福斯城（Fosses la Villes）传教，655年经过勒勒地区时被强盗杀害，门徒们在其殉难地建起教堂，1125年建成属于普雷蒙特雷修会的圣·佛洋修道院（St. Feuillien Abbey），1796年修道院被毁，原址上建起私人勒勒城堡。1873年弗赖特（Friart）家族创建圣·佛洋酒厂，至今传承至第四代，生产圣·佛洋金（Blonde）等系列修道院啤

◀ 特级比利时艾尔

◀ 季节啤酒

◀ 季节啤酒

◀ 修道院棕色

酒、格瑞塞特（Grisette）和季节等特色啤酒，2009 年和 2010 年圣·佛洋季节连续两次在伦敦获得世界最佳季节啤酒称号。2015 年为庆祝在蒙斯举办的"欧洲文化之都"活动，圣·佛洋推出特制 Car d'Or 啤酒，名字源自蒙斯每年都都节日（Doudou Festival）游行中最引人注目的金色马车 Car d'Or。圣·佛洋产品有：①修道院金色啤酒（Blonde abbey beer），酒精度 7.5%。②修道院棕色啤酒（Brune Réserve），酒精度 8.5%。③季节啤酒（Saison），酒精度 6.5%。④特级比利时艾尔（Grand Cru），酒精度 9.5%。

注：随着精酿啤酒的发展，很多红酒词汇进入啤酒领域，比如 Vintage, Grand Cru。Grand Cru 是法语词汇，Cru 是动词生长（croitre, grow）的过去分词，从 19 世纪开始指代优质葡萄种植园，而后一些酒庄在红酒上标注 Grand Cru 代表最高质量。今天 Grand Cru 代表优质葡萄园或好酒庄，在波尔多指 1855 年被列级的特级庄"Grand Cru Classe"，在勃艮第指特级单一葡萄园，后来逐步应用到白兰地、干邑、巧克力、威士忌，代表着品质上乘，20 世纪 80 年代后期出现在啤酒商标上。对于啤酒来说 Grand Cru 并不是一种啤酒类型，多是为节日限量生产的特制啤酒，通常比常规啤酒酒精度较高，大多数 Grand Cru 都是比利时啤酒或比利时风格啤酒。

10. 圣·伯纳
(St. Bernardus)

圣·伯纳酒厂位于比利时西部瓦图（Watou），紧邻法国，对面是法国蒙德凯修道院（Abbey of Mont des Cats），两者相距不到10千米。19世纪末期法国反教会运动迫使蒙德凯教士们离开法国，1904年在比利时瓦图成立圣·伯纳圣母修道院（Notre Dame de St.Bernard），名字来自蒙德凯的圣·伯纳教堂。1934年蒙德凯修道院重建，教士们离开圣·伯纳回国，比利时人德康尼克（Evarist Deconinck）接管了修道院奶酪厂。1945年西佛莱特伦修道院缩小啤酒生产规模，1946年将生产和销售啤酒的权利授予德康尼克，并直接指导其生产。圣·伯纳最初生产4种产品：圣·西斯科特4号、6号、8号和Abt 12（Sint-Sixtus 4, 6, 8, Abt 12）。从1946年开始品名不断变化，最早叫特拉普西佛莱特伦（Trappist Westvleteren），后来叫作圣·西斯科特（Sint Sixtus），而后是圣·西斯科特和圣·伯纳（Sint Sixtus & St. Bernardus），1992年西佛莱特伦修道院终止授权，酒厂开始采用圣·伯纳商标。圣·伯纳除修道院啤酒外，还生产白啤酒（Wit）、圣诞艾尔（Christmas Ale）、洞藏啤酒（Grottenbier）和瓦图三料（the Watou Tripel）。产品：①6号修道院啤酒（Pater 6），酒精度6.7%。②8号修道院啤酒（Prior 8），酒精度8.0%。③12号修道院啤酒（Abt 12），酒精度10.0%。④白啤酒（Wit），酒精度5.5%。

◀ 6号

◀ 8号

◀ 12号

◀ 白啤

11. 西丽
(Silly)

　　西丽酒厂坐落在比利时埃诺省西丽村（Silly），位于布鲁塞尔东南方向40千米，西丽（Sylle River）河从村中穿过。1850年，马塞兰（Marcelin Hypolite Meynsbrughen）在西丽村里买下一间农场，并开办小型酒厂生产当地季节啤酒（saison）、格瑞塞特（grisette）以及比利时（belge）啤酒，季节啤酒主要面对夏季劳作的农夫，格瑞塞特是专门为矿工生产，而比利时啤酒则面向所有人。西丽啤酒质量上乘，很快赢得较高声望，1900年在巴黎博览会上获得银奖。第一次世

界大战中酒厂未受到破坏，战后新建装瓶厂，推出两款新啤酒——西丽鲍克啤酒（1945年停产）和苏格兰艾尔。第一次世界大战中，苏格兰士兵杰克·佩恩（Jack Peyne）驻扎在西丽村，后来加入酒厂，指导酿出苏格兰艾尔。第二次世界大战后比尔森流行，1950年西丽开始生产迈恩比尔森（Myn's Pils），1993年改名为西丽比尔森。1973年酒厂改名为西丽酒厂（Brasserie de Silly），两年以后收购昂吉安（Enghien）地区酒厂邓许泰特（Tennstedt DeCroes brewer）。1990年开始生产白啤酒提耶（Titje），2004年推出果味白啤粉红杀手（Pink Killer），2006年获

森林修道院

季节啤酒

昂吉安圣诞三料

得森林修道院（Abbaye de Forest）遗产管理公司授权生产修道院啤酒。产品：①季节啤酒（Saison），酒精度 5.0%。②昂吉安圣诞三料金色啤酒（Enghien, triple blonde），酒精度 9.0%。③森林修道院金色啤酒（Abbaye de Forest, Blonde），酒精度 6.5%。

12. 马都斯
(Maredsous)

马都斯修道院位于比利时那慕尔省，毗邻小镇迪尼（Denée）。19 世纪 70 年代普鲁士排挤罗马天主教势力，德国博伊龙修道院（Beuron Abbey）教士们来到比利时寻求庇护，1872 年在德斯雷家族（Desclée family）资助下，开始修建马都斯修道院，修道院以 13 世纪瓦隆地区熙笃会维莱修道院（Villers Abbey）为蓝本，由比利时著名新哥特风格设计师巴普蒂斯特（Jean Baptiste Bethune）精心设计。1963 年修道院授权督威摩盖特（Duvel Moortgat）酒厂按照原始本笃会配方酿制马都斯啤酒。马都斯产品：①6 号修道院金啤酒（Blond），酒精度 6.0%。②8 号修道院棕啤酒（Bruin），酒精度 8.0%。③10 号修道院三料啤酒（Tripel），酒精度 10.0%。

◀ 6 号

◀ 8 号

◀ 10 号

13. 科胜道
(Corsendonk)

科胜道修道院（Priory of Corsendonk）位于比利时北部靠近荷兰边境的旧蒂伦豪特（Oud Turnhout）。1393 年布拉班特[1]公爵约翰三世（John III Duke of Brabant）的女儿玛利亚（Maria van Gelre）捐资修建了科胜道修道院，1395 年天主教奥古斯丁派教士们来到这里。1785 年奥地利帝国皇帝约瑟夫二世下令关闭修道院，1795 年法国大革命期间，修道院资产被充公拍卖，其后作为城堡式宅邸直至 19 世纪末。1968 年以后在政府帮助下逐渐恢复历史建筑，1975 年改建成会议中心，随后陆续开办酒店和餐厅，1982 年旧蒂伦豪特城成立 125 周年，地方旅游局授权柯斯梅克酒厂（Jef Keersmaekers）使用科胜道商标生产修道院啤酒，主要产品有：①双料艾尔（Corsendonk Pater, Dubbel ale，酒精度 6.5%）。②金色啤酒（Corsendonk Blond）。③棕色啤酒（Corsendonk Bruin）。④圣诞艾尔（Corsendonk Christmas Ale）。

▶ 双料艾尔

[1] 布拉班特：古代欧洲西北部封建公国，位于现在荷兰南部和比利时中北部。

▲ 比利时啤酒周末

三、其他品牌

14. 罗登巴赫
(Rodenbach)

比利时著名红啤酒厂罗登巴赫（Rodenbach）位于鲁瑟拉勒（Roeselare）。罗登巴赫家族来自德国莱茵河畔的安德纳赫，1750 年前后老罗登巴赫作为军医随军来到鲁瑟拉勒，而后成为当地医生。1820 年亚历山大·罗登巴赫买下圣·乔治酒厂，1836 年卖给兄弟佩德罗（Pedro），这一年被认定为罗登巴赫酒厂正式创建年份。19 世纪 70 年代，家族未来接班人尤金（Eugene）专程前往英格兰学习酿酒技术，现在不能确定是哪家酒厂，而当时英格兰只有格林·金公司采用橡木桶熟化技术生产烈性萨福克啤酒。1998 年罗登巴赫家族将酒厂出售给布马（Palm）啤酒公司。罗登巴赫家族不仅是酿酒世家，而且人才辈出，创始者亚历山大·罗登巴赫 11 岁时意外双目失明，参与了比利时独立运动，发明了现代盲文的雏形；诗人阿尔布雷克特致力于推动弗兰德语，雕塑至今仍矗立在鲁瑟拉勒镇。产品：①罗登巴赫红啤酒（Rodenbach），酒精度 5.2%，由 3/4

◀ 红啤酒

◀ 特级啤酒

◀ 年份啤酒

嫩啤酒和 1/4 橡木桶陈化 2 年的熟啤酒调制，具有红酒的酸甜口感和水果口味。②罗登巴赫特级啤酒（Rodenbach Grand Cru），酒精度 6.0%，由 1/3 嫩啤酒和 2/3 橡木桶陈化 2 年的熟啤酒调制，具有特级红酒浓郁的橡木味道和酯香。③罗登巴赫年份啤酒（Rodenbach Vintage），酒精度 7%，100% 橡木桶陈化 2 年熟啤酒，口感更加复杂、圆润和浓郁，瓶身标有木桶编号以及陈化开始年代。

15. 林德曼
(Lindemans)

  林德曼是家族酿酒企业，位于布鲁塞尔西南郊弗莱曾贝克镇（Vlezenbeek）。1822 年林德曼（Joos Frans Lindemans）拥有一间农场，白天在农场劳作，晚上则酿制拉比克，由于啤酒很受欢迎，1830 年停止其他工作集中精力酿制樱桃啤酒和贵兹酒。1978 年推出法柔，1980 年推出覆盆子啤酒，1987 年推出蓝莓（Cassis）和桃子啤酒（Pecheresse），2005 推出苹果啤酒（Apple）。1970 年林德曼出口法国，1980 年以后 70% 产量用于出口，主要销往美国、法国、瑞士和德国，2006 年开始出口中国。林德曼每年大约生产 600 万升拉比克，酒厂啤酒均采用拉比克调制。主要产品：①樱桃啤酒（Kriek），酒精度 3.5%。②贵兹酒（Gueuze），酒精度 5.0%。③法柔（Faro），酒精度 4.5%。④覆盆子啤酒（Framboise），酒精度 2.5%。

樱桃

覆盆子

法柔

贵兹

16. 福佳
(Hoegaarden)

福佳酒厂介绍见比利时白啤，其产品：①福佳白啤（Wit），酒精度 4.9%。②特级比利时艾尔（Grand Cru），酒精度 8.5%。③朱利亚斯·凯撒金色艾尔（Julius），酒精度 8.5%。④禁果红啤（Le Fruit Defendu），酒精度 8.5%。⑤覆盆子白啤（Witbier Met Frambozen），酒精度 3.0%。

◀ 覆盆子白啤

◀ 特级艾尔

◀ 福佳白啤

◀ 朱利亚斯·凯撒

◀ 禁果红啤

啤酒经典及精酿

158

17. 乐蔓
(Liefmans)

乐蔓酒厂位于比利时东弗兰德地区奥德纳尔德（Oudenaarde）。1679年雅克布斯·乐蔓（Jacobus Liefmans）在斯海尔德河边创建乐蔓酒厂，2008年督威摩盖特集团收购乐蔓，主要生产混合调制啤酒（Craft blends）和水果啤酒（Fruitesse）两个系列。乐蔓啤酒混合使用淡色麦芽、深色麦芽和焦香麦芽，发酵1周后放入酒窖进行后熟，不同类型啤酒后熟时间不同，大概从2个月到1年，而后将成熟酒和嫩酒进行混合调制出不同口味的啤酒，主要有老棕啤（Oud Bruin）和豪登邦黑啤（Goudenband）。豪登

邦起初叫作IJzerenband（Iron Band），指捆绑酒桶的铁环，采用香槟瓶盖后改名为豪登邦（Goudenband, Gold Band，金环）。老棕啤和豪登邦混合后作为樱桃啤酒基酒，100升啤酒加入13千克樱桃浸泡6个月以上，樱桃发酵使酒精度上升至6.5%。早期乐蔓樱桃叫作Cuvée Brut，今天叫作Kriek Brut，Cuvée是红酒词汇，法语本意为"大桶"，早期指在大桶中特别酿制的红酒，今天相当于陈酿；Brut原意为极干香槟酒。酒瓶用彩色包装纸包裹是乐蔓啤酒的鲜明特色。主要产品：①老棕啤（Oud Bruin），酒精度5.0%。②豪登邦黑啤（Goudenband），酒精度8.0%。③樱桃啤酒（Cuvée Brut, Kriek Brut），酒精

◀ 老棕啤

◀ 豪登邦黑啤

◀ 樱桃啤酒

◀ Fruitesse on the rocks

度 5.0%。④ Fruitesse on the rocks，酒精度 3.8%。

18. 时代
(Stella Artois)

时代是比利时比尔森品牌，隶属于百威英博集团。1366 年登霍伦酒厂（Den Hoorn brewery）在比利时鲁汶成立，1708 年塞巴斯蒂安·阿图瓦（Sébastien Artois）成为鲁汶酿酒公会（Leuven Brewer's Guild）首席酿酒师，1717 年阿图瓦买下登霍伦酒厂，改名为阿图瓦酒厂，1894 年阿图瓦生产出首款拉格——"鲍克阿图瓦"黑啤，1926 年推出

◀ 时代比尔森

圣诞节日啤酒——Stella Artois（时代啤酒，Stella 拉丁文星星），由于非常受欢迎，圣诞过后继续生产，成为酒厂主打产品。1930 年时代啤酒向欧洲国家出口，1960 年产量达 1 亿升，2006 年产量超过 10 亿升。1988 年时代啤酒采用新商标，1366 是登霍伦酒厂成立年份，号角是原登霍伦酒厂标识，旋涡状花纹是鲁汶地区典型建筑装饰。时代啤酒除在鲁汶工厂生产外，还在英国、澳大利亚和巴西等国生产，酒精度 5.0%。

19. 浅粉象
(Delirium Tremens)

浅粉象由比利时东佛兰德地区梅勒市（Melle）休伊酒厂（Huyghe Brewery）出品。1906 年里昂·休伊（Leon Huyghe）买下梅勒一间酒厂，改名为"苹果"啤酒及麦芽厂（Brouwerij-Mouterij den Appel），1913 年停止麦芽生产，1938 年更名为里昂·休伊公司。1945 年推出首款拉格啤酒。20 世纪 60 年代初多特蒙德啤酒风靡欧洲，1964 年推出多特蒙德啤酒，同年建成瓶装生产线。1985 年停产拉格，专注生产上层发酵艾尔，同年第一款琥珀色啤酒阿特威尔德（Artevelde）上市，1987 年推出瓶中二次发酵的阿特威尔德特级啤酒（Artevelde Grand Cru），1989 年 12 月推出陶瓷酒瓶浅粉象（Delirium Tremens），1990 年在美国市场上推出白雪公主白啤酒，1993 年推出"Floris"系类水果啤酒，包括

樱桃、覆盆子和苹果等风味，1994 年收购圣·埃德斯保德（Sint Idesbald）修道院品牌。1998 年浅粉象获得芝加哥世界啤酒大赛金奖，1999 年收购维勒斯（Villers）酒厂，获得修道院啤酒 Vieille Villers、Triple Villers、Loteling、Paranoia 和 Rubbel sexy Lager（露皮乐拉格）等品牌。1999 年浅粉象上市 10 年之际，推出瓶中二次发酵黑啤——深粉象（Delirium Nocturnum），2000 年粉象圣诞（Delirium Christmas）上市，酒精度接近10%，2000 年进行大规模重建，2013 年产量达到 3 500 万升。

尽管规模不断扩大，品牌及品种也越来越丰富，但其最著名产品仍然是 Delirium 系列，因标签上有一只粉色大象，因此被称为粉象系列（pink elephant）。浅粉象属于比利时烈性艾尔，其英文名字 Delirium Tremens 在百度百科被解释为：震颤性谵妄，一种急性脑综合征，多发生于酒依赖患者突然断酒或减量，容易出现幻觉。这个名字给酒厂带来不少麻烦，最初出口到美国及加拿大时，政府考虑到有鼓励酗酒的意味，禁止销售粉象啤酒，在一段时间内粉象不得不使用一个美国酒厂商标——"Mateen"进

◀ 浅粉象

◀ 深粉象

◀ 红粉象

◀ 圣诞粉象

行销售。近年来粉象在美国可以使用其原来名称，但粉象标识却没能出现在酒瓶上。在欧美国家"Seeing pink elephants"是酒后出现幻觉的委婉说法，最早出现在1913年杰克·伦敦以禁酒为主题的自传体小说《约翰·巴利科恩》(《John Barleycorn》)中，称呼酗酒者为"who sees,……, blue mice and pink elephants"。

尽管名字古怪，但却取得了成功，1998年浅粉象获得芝加哥世界啤酒大赛金奖，2014年获得葡萄牙世界啤酒挑战赛银奖，2015年获得伦敦世界啤酒挑战赛金奖。

浅粉象带有明显水果香味，像香蕉、苹果、菠萝的混合味道，入口后还带有蜂蜜味。与众不同的包装加上水果香气和微甜口感，浅粉象成为酒吧里女士们的最爱，甚至超过水果啤酒，酒精度虽然达到8.5%，可酒精味并不明显，不知不觉中很容易醉倒，有人戏称它为"失身酒"。主要产品：①浅粉象金色艾尔（Delirium Tremens），酒精度8.5%。②红粉象水果啤酒（Delirium Red），酒精度8.5%。③圣诞粉象烈性艾尔（Delirium Christmas），酒精度10%。④深粉象黑啤酒（Delirium Nocturnum），酒精度8.5%。

▲ 比利时粉象啤酒厂

20. 帕图斯
(Petrus)

1894 年布拉班迪尔（De Brabandere）酒厂在比利时西部巴维豪夫（Bavikhove）成立，至今已传承至第五代，酒厂坚持传统手工生产，产品多次获得大奖，帕图斯是其主要品牌。Petrus 是拉丁文石头，英语人名 Peter 也来源于此，第一位罗马教皇圣·彼得（Saint Peter）在拉丁文里就叫作 Petrus。圣经里圣·彼得是掌握天堂钥匙的人，帕图斯酒标上有一个满脸喜悦的老人，一手拿着啤酒一手拿着钥匙，头顶上有一行文字"the key to heaven"。帕图斯也是法国波尔多地区著名葡萄酒庄的名字，该酒庄曾经对布拉班迪尔酒厂进行过一次友好访问。2001 年酒厂专门为著名啤酒作家迈克尔·杰克逊的啤酒俱乐部生产出一款陈年淡色艾尔（Aged Pale），该款啤酒采用淡色麦芽，在木桶中成熟 24 ～ 30 个月，呈深金色或黄铜色，带有橡木香气和淡淡雪莉酒味道，有红啤典型酸味。产品：①金色艾尔（Blond Ale），酒精度 6.6%。②双料棕色艾尔（Double Brown Ale），酒精度 6.5%。③金色三料艾尔（Golden Triple Ale），酒精度 7.5%。④陈年淡色艾尔（Aged Pale），酒精度 7.3%。

◀ 金色艾尔

◀ 双料棕色艾尔

◀ 金色三料艾尔

◀ 陈年淡色艾尔

21. 勃艮第女公爵
(Duchesse de Bourgogne)

1885 年保罗·费尔哈格（Paul Verhaeghe）在比利时西佛兰德省维彻特（Vichte）创建了费尔哈格酒厂（Verhaeghe Brewery），勃艮第女公爵是其出品的佛兰德红啤品牌。勃艮第公国（Burgundy，法文 Bourgogne）包括现在法国北部、比利时以及荷兰等地区。女公爵玛丽 1457 年出生于布鲁塞尔，是勃艮第公爵查理（Charles the Bold）的女儿。1477 年查理公爵在南锡战争中阵亡，玛丽继承了勃艮第公国，同年与奥地利马克西米利安一世（后来的神圣罗马帝国皇帝）结婚。1482 年玛丽在狩猎时从马背上摔下，数天之后去世，葬在比利时布鲁日圣母教堂。勃艮第女公爵红啤采用西佛兰德传统生产方法，由橡木桶熟化 18 个月的陈酒和 8 个月的嫩酒调制而成，有类似拉比克的酸味和水果香味，酒精度 6.2%。

◀ 女公爵红啤

22. 布什
(Bush)

布什啤酒由位于比利时埃诺省皮佩克斯（Pipaix）的迪比森酒厂（Brasserie Dubuisson）出品。18 世纪，酒厂创始人勒鲁瓦（Joseph Leroy）曾在城堡酒厂工作，圣神罗马帝国女皇玛利亚·特雷西亚（Maria Theresa）废除了城堡酒厂的免税权，并在 1769 年全面禁止城堡酿酒。勒鲁瓦离开城堡，在自家农场里开办一间小酒厂，为当地农民生产啤酒，1931 年农场停止其他工作，全职进行啤酒生产。20 世纪 30 年代，由于英式艾尔流行，酒厂推出一款英式啤酒，并用英文命名 Bush Beer，即今天的 Bush Amber。酒厂至今已经传承至第六代，是瓦隆地区历史最悠久的家族酒厂，采用 80 年前传统配方生产。1991 年推出布什圣诞啤酒（Bush de Noel），1998 年推出布什金色啤酒（Bush Blonde），2000 年推出山树精窖藏（Cuvée des Trolls），2009 年推出布什水蜜桃啤酒（Pêche Mel Bush）。2000 年后发展迅速，2009 年产量 240 万升，2013 年产量达 500

▲ 金色艾尔

▲ 琥珀色艾尔

称为 Den Hoorn，可能是法语姓氏柯尼特（Cornet）的荷兰语形式。酒厂后来被日后的斯滕许弗尔市长梅斯梅克（Jean Baptiste De Mesmaecker）收购。1908 后酒厂开启工业化发展历程，推出了特制比利时啤酒（Spéciale Belge）。第一次世界大战中酒厂被摧毁，战后拉格流行，酒厂重建时无力购买制冷设备，不得已继续生产上层发酵艾尔，1929 年将特制比利时啤酒改名为特制布马（Spéciale Palm），第二次世界大战后该款啤酒取得成功。为纪念酒厂成立 200 周年，1947 年推出了双料布马（Dobbel Palm）。

万升，2014 年 44% 的啤酒出口至海外 33 个国家。产品：①琥珀色烈性艾尔（Amber），酒精度 12%。②金色烈性艾尔（Blond），酒精度 10.5%。

23. 布马
(Palm)

布马酒厂位于布鲁塞尔北部 20 千米处的斯滕许弗尔（Steenhuffel）。1686 年西奥多·柯尼特（Theodoor Cornet）在斯滕许弗尔开办一间小酒馆，出售自酿的啤酒和金酒，1747 年酒馆改建为酒厂，当时酒厂

▲ 特制比利时艾尔

▲ 罗伊艾尔

1958 年布鲁塞尔举办世界博览会，酒厂经过抽签获得了古比利时市场广场（Ancienne Belgique Market Square）上最佳的位置，建起引人注目的布马宫殿（Palm Hof, Palm Court），其品牌知名度大增。

20 世纪 60 年代比利时本土啤酒文化回潮，布拉班特风格的特制布马啤酒（Brabant style amber beer）销量飙升，引导着消费潮流，人们逐渐把酒厂叫作布马酒厂，1974 年正式更名为布马（Palm）。1980 年奔马形象首次出现在商标上，80 年代布马受到荷兰消费者欢迎，成为荷兰销量最大的特制啤酒。1990 年与布恩拉比克酒厂（Boon lambic brewery）成立合资企业，1998 年收购罗登巴赫酒厂。2003 年为庆祝酿酒师罗伊（Alfred Van Roy）90 岁生日，推出布马罗伊艾尔（Palm Roy Ale）。产品：①特制比利时艾尔（Spéciale Belge Ale，也叫作 amber ale），酒精度 5.2%。②罗伊艾尔（Palm Roy Ale），酒精度 7.5%。

24. 卡斯特
(Kasteel)

卡斯特（Kasteel，荷兰语城堡）由位于西佛兰德省英厄尔蒙斯特（Ingelmunster）的范·豪斯布鲁克（Van Honsebrouck）酒厂出品。1811 年创始人豪斯布鲁克（Amandus Van Honsebrouck）出生，后来在韦尔肯镇

（Werken）开办酒厂，1865 年儿子艾米尔继承，1900 年移居英厄尔蒙斯特，开办圣·约瑟夫（Sint Jozef）酒厂，20 世纪 30 年代扩建新制麦车间、发酵车间和装瓶车间，1953 年酒厂改名为范·豪斯布鲁克，1955 年停产拉格，专注生产巴克斯（Bacchus）品牌传统佛兰德红啤酒，1958 年开始生产圣·路易斯（Saint Louis）品牌兰比克和樱桃啤酒，1969 年贵兹酒产量在比利时位列第二。1978 年成为布鲁日足球队赞助商，带动圣·路易斯销量大增，1980 年推出匪徒（Brigand）烈

◄ 金色啤酒

◄ 水果啤酒

◄ 黑啤酒

◄ 匪徒

性艾尔啤酒，名字取自1798年英厄尔蒙斯特反抗法国国王的起义。1986年酒厂买下英厄尔蒙斯特城堡（Ingelmunster caste），3年后推出卡斯特黑啤（Donker，荷兰语黑色），城堡形象开始出现在酒标上。卡斯特系列逐步丰富，1995年推出三料，2007推出水果啤酒（Kasteel Rouge），由卡斯特黑啤和樱桃利口酒混合调制，2008年推出金色啤酒。产品：①金色啤酒（Blond），酒精度7.0%。②水果啤酒（Rouge），酒精度8.0%。③黑啤（Donker），酒精度11%。④匪徒

（Brigand）烈性艾尔，酒精度9.0%。⑤圣·路易斯樱桃（Saint Louis），酒精度3.2%。

25. 督威
(Duvel)

督威品牌由位于布鲁塞尔附近皮尔斯（Puurs）镇的督威·摩盖特酒厂（Duvel Moortgat Brewery）出品。1871年莱昂纳多·摩盖特（Jan Leonard Moortgat）创建摩盖特酒厂，不久赢得布鲁塞尔中产阶级青睐。20世纪后酒厂发展迅速，摩盖特两个儿子加

▲ 特制啤酒

▲ 三花

入酒厂，阿尔伯特负责生产，维克多负责用马车向布鲁塞尔运输啤酒。第一次世界大战期间，英式艾尔风靡一时，阿尔伯特特意赶往英国寻求英式艾尔酵母，可是英格兰酒厂并不愿意分享，费尽周折最终从苏格兰获得酵母，持续使用到今天。

为庆祝第一次世界大战结束，摩盖特推出首款英式艾尔——胜利艾尔（Victory Ale），在一次品酒会上，商人范·德·瓦尔（Mr.Van De Wouwer）惊讶于这款啤酒浓烈的香气，说道："这真是个 Duvel（Devil，恶魔）！"1923 年起这款艾尔被称为督威（Duvel），这个名字在天主教氛围浓厚的佛兰德地区颇为大胆。20 世纪 50 年代督威开始走出比利时，首先在荷兰取得成功，今天行销 60 多个国家。传统督威使用两种酒花——萨兹（Saaz）和施蒂里亚戈尔丁（Styrian Goldings），2007 年额外加入美国亚麻黄酒花（Amarillo）生产出三花啤酒（Tripel Hop）。2012 年以后三花啤酒变成常年生产，并每年更换第三种酒花，2012 年使用美国西楚酒花（Citra），2013 年使用日本的空知王牌酒花（Sorachi Ace，北海道空知郡出产），2014 年使用美国摩西酒花（Mosaic），2015 年使用美国春秋酒花（Equinox）。产品：①比利时特制啤酒（Belgisch Sepciaalbier），酒精度 8.5%。②三花（Tripel Hop），酒精度 9.5%。

26. 快克
(Kwak)

博斯蒂斯酒厂（Bosteels Brewery）位于布鲁塞尔西北 20 千米处的比亨豪特（Buggenhout），由埃瓦里斯特（Evarist Bosteels）创建于 1791 年，至今传承至第七代，酒厂主要产品有快克（Kwak）、卡美里特三料（Tripel Karmeliet）和圣神香槟啤酒（DeuS）。

快克是 1980 年代推出的一款琥珀色艾尔，酒精度 8.4%。快克配有一款奇特的酒杯，有点像花瓶，需要放置在特制木架上。据说在拿破仑时代，鲍威尔·快克（Pauwel Kwak）是邮政马车驿站老板兼酿酒师，马车停靠时车夫不能下车，好心的快克就设计了这款酒杯，可以安全地把啤酒递给车夫。卡美里特三料按照 1679 年卡美里特修道院的配方生产，使用小麦、燕麦和大麦三种谷物酿制。圣神啤酒经长时间瓶中二次发酵，采用转瓶和开瓶除渣等香槟生产方法，酒体中二氧化碳溶解充分，可产生香槟般的丰富气泡。

▲
快克

27. 金卡路
(Gouden Carolus)

金卡路由位于比利时梅赫伦（Mechelen）的铁锚酒厂（Het Anker, The Anchor）出品。15 世纪初，酒厂现址是一间由修女们创建的医院，1471 年勃艮第公爵查理（Charles the Bold）决定免除修女们为医院所酿制啤酒的税赋。1872 年范·布瑞德姆（Van Breedam）家族买下酒厂，随后进行现代化改造，1904 改名为 Het Anker。Carolus 是 Charles（查理）的中世纪拉丁语形式，Gouden Carolus 的意思是金色查理（Golden Charles），指查理公爵发行的金币。当时的酒厂都以为公爵和国王酿制最好的啤酒为荣，最高质量啤酒被叫作伟大的皇家啤酒（Grand Imperial Beer），也称为 Gouden

Carolus，这种黑色艾尔主要在猎狐活动中饮用，金卡路酒标上有国王骑马狩猎的形象。现在铁锚酒厂也生产威士忌，2013年使用金卡路三料的（Gouden Carolus Triple）糖化醪经蒸馏及木桶陈化生产出单一麦芽威士忌（Gouden Carolus Single Malt）。金卡路经典（Gouden Carolus Classic），黑色比利时烈性艾尔，酒精度8.5%，2012年获得世界最佳黑色艾尔称号（World's Best Dark Ale,World Beer Awards, WBA 2012）。

◀
金卡路

第四节 ┃ 其他国家品牌 ♥

一、特拉普啤酒

1. 法国蒙德凯
(Mont des Cats)

蒙德凯修道院（Mont des Cats Abbey）位于法国佛兰德地区蒙德凯山（Mont des Cats），邻近比利时边境。Cats 一词来源于日耳曼卡蒂（Chatti）部落，卡蒂人自从罗马帝国灭亡后一直居住在这个地区，蒙德凯即卡蒂山。

1826 年特拉普派蒙德凯修道院在这里落成，依靠耕种和养牛维持生活，1848 年开始酿制烈性棕色啤酒供内部消费，由于非常受访客欢迎，其后蒙德凯开始商业化生产。1896 年进行现代化改造，生产酒精度为 7.6% 的金色啤酒，与今天的蒙德凯相同。1900 年，酒厂有 17 名修士外加 50 名工人，1905 年法国外籍修士法令发生变化，修道院停止啤酒

生产。1918 年 4 月在空袭中修道院和酒厂被彻底摧毁，战后修道院重建，酒厂始终未得以恢复。2011 年在智美的帮助下重启啤酒生

◀ 蒙德凯

产并获得 ITA 认证，正式成为特拉普啤酒之一。

2. 荷兰踏坡
(La Trappe)

踏坡是荷兰的特拉普品牌，名字源自特拉普派发源地——法国特拉帕修道院（Abbey Notre-Dame de la Grande Trappe）。1881 年法国政府排斥教会，蒙德凯开始寻找安全庇护地，部分修士来到荷兰布拉邦省贝克尔·英索特（Berkel Enschot），在一个称为国王农舍（荷兰语，Koningshoeven）的地方定居下来，把羊舍改建成临时修道院，称为国王农舍修道院（Onze Lieve Vrouw of Koningshoeven Abbey），1881 年 3 月 5 日进行第一次弥撒。最终蒙德凯修道院没有离开法国，而新的修道院却在当地逐渐兴旺起来。

最早到达荷兰的修士中有一位慕尼黑酿酒师后代，修道院决定开办酒厂增加收入，1884 年酒厂建成。1960 年发展成中等规模酒厂，生产比尔森、黑啤、多特蒙德和鲍克型啤酒。1980 年推出踏坡（La Trappe）品牌，最早生产双料和三料，1991 年推出踏坡四料（Quadrupel，酒精度 10.0%），最初只在冬天生产，由于市场反响良好，转向全年生产。由于修士人数急剧下降，1999 年荷兰巴伐利亚酒厂（Bavaria Brewery）租

◀ 踏坡白啤

◀ 踏坡四料

下修道院酒厂，在修士监管下生产踏坡系列。2003 年推出世界上唯一的特拉普白啤酒（Witte，酒精度 5.5%），2004 年恢复生产鲍克啤酒，使用 1950 年代配方在特定季节生产。2009 年将四料经橡木桶熟化，推出橡木陈酿（Oak Aged），同年为纪念酒厂成立 125 周年，推出以修道院首任酿酒师命名的特制啤酒 Isid'or，2010 年使用新鲜酒花和有机原料酿制出 Puur 啤酒。

3. 奥地利恩泽
(Engelszell)

恩泽修道院（Stift Engelszell Abbey）位于奥地利北部多瑙河边的恩格尔哈茨采尔镇（Engelhartszell），紧邻德国帕绍（Passau），Engelszell（Angels' Cell）意为天使居住的地方。1293 年帕绍地区主教创建熙笃会恩泽修道院，1699 年修道院发生大火，严重毁损，1746 年最后一位主教利奥波德·赖克尔（Leopold Reichl）上任，其后修道院花费 12 年时间重建了洛可可式教堂，这座伟大建筑至今仍吸引着来自欧洲各地的游客。1786 年神圣罗马帝国皇帝约瑟夫二世解散恩泽修道院，19 世纪修道院沦为私人财产，1925 年来自法国阿尔萨斯欧伦博格修道院（Oelenberg Abbey）的修士们买下恩泽，并重新进行修缮，1931 年神父格雷戈尔（Father Dr. Gregor Eisvogel）成为首任院长。在希特勒统治时期，1939 年修道院被关闭，73 名修士被逮捕或驱逐，战后有 23 人回到恩泽。今天修道院只有 9 名修士，4 名年事已高，5 名从事生产活动，同时聘请 5 名职业人士协助生产。2012 年 5 月，ITA 正式批准恩泽为特拉普啤酒。恩泽有三种产品：① Gregorius，名字取自首任院长 Dr. Gregor Eisvogel，酒体深褐色，酒精度 9.7%。② Benno，名字取自 1953 年上任的院长 Father Benno Stumpf，酒体红褐色，酒精度 6.9%。③ Nivard，酒体金黄色，酒精度 5.5%。

▲ Benno

二、爱尔兰

4. 健力士
(Guinness)

　　健力士是爱尔兰人亚瑟·吉尼斯（Arthur Guinness, 1725—1803）创建的著名世涛品牌。1759 年吉尼斯以每年 45 英镑的价格租下都柏林圣·詹姆斯门（St. James's Gate）附近一间啤酒厂，1769 年酒厂首次向英国出口艾尔，1778 年开始生产波特，1799 年停产艾尔，专注生产日渐流行的波特酒。19 世纪 40 年代开始，酒厂将不同强度的产品称为淡波特（plain porter）、加强型（stout porter）或特强型（extra stout porter）等，而后特强型被直接叫作世涛。1876 年健力士销量飙升至 78 万桶，位列英国及爱尔兰地区前三名，1886 年吉尼斯公司上市，1914 年产量达到 265 万桶，是其最大竞争对手巴斯的 2 倍，占英国市场 10% 的份额。1997 年，吉尼斯和大都会公司合并成帝亚吉欧（Diageo）公司。今天健力士是世界上最成功的啤酒品牌之一，行销 120 多个国家，2011 年销售量达到 8.5 亿升。

　　1951 年 11 月 10 日，酒厂经理休·比佛爵士（Hugh Beaver）在狩猎中射失一只金鸻（golden plover），后来和朋友争论金鸻和松鸡（red grouse）哪一个飞得更快。休·比佛意识到这种争论每晚都会出现在爱尔兰酒吧里，可是并没有权威为他们做出评判，如果有一本这方面的书，一定会大受欢迎。于是比佛爵士委托伦敦的诺里斯和罗斯·麦克沃特（Norris、Ross McWhirter）兄弟进行收集和编撰。1954 年第一版《吉尼斯纪录》面世，1 000 册很快销售一空，1955 年新版《吉尼斯纪录》成为圣诞节英国最畅销书籍，1956 年在美国出版，当年销售达 7 万册，1998 年更名为《吉尼斯世界纪录》。比佛爵士说过："我们不靠它赚钱，这本书是我们的营销手段。"《吉尼斯世界纪录》本身也

◀ 生啤

◀ 出口特强世涛

▲ 吉尼斯世界纪录

Well Brewery），1856 年开始生产啤酒。1861 年产量达到 42 990 桶，成为爱尔兰地区主要酒厂之一。1889 年采用最新建筑技术建成制麦车间，成为科克的地标，现在依然作为酒厂的办公场所。1892 年迈菲斯赢得都柏林贸易博览会金奖，1895 年获得曼彻斯特博览会最高奖项。1906 年成为爱尔兰第二大啤酒厂，排名吉尼斯之后。1915 年购买了爱尔兰第一辆货运汽车，1921 年建成瓶装啤酒生产线，1983 年被喜力集团收购，改名为迈菲斯酒厂（Murphy's Brewery）。1985 年开始走向世界，出口英国、美国和加拿大，2006 年酒厂成立 150 周年，出口至 40 多个国家。迈菲斯世涛酒精度 4.0%，苦味较少，听装啤酒内充有氮气，内有带孔小球（Widget），开启时会产生大量泡沫。

创造了世界纪录，被翻译成 37 种语言，在 100 多个国家销售，累计销售达 1 亿册，成为世界上最畅销书籍。产品：①健力士生啤（Guinness Draught），酒精度 4.2%。②健力士出口特强世涛（Guinness Foreign Extra Stout），酒精度 7.5%。

5. 迈菲斯
(Murphy's)

迈菲斯酒厂位于爱尔兰科克（Cork），其最著名的产品是爱尔兰世涛（Irish Stout）。1854 年詹姆斯·墨菲（James Jeremiah Murphy）和兄弟合伙开始建设啤酒厂，由于邻近著名的神圣水井（Holy Well），酒厂被命名为圣母水井酒厂（Lady's

▲ 迈菲斯 logo

三、捷克

6. 百德福
(Budějovický Budvar)

百德福酒厂位于捷克布杰约维采镇
（České Budějovice），距德国边境仅 50 千米，
德语叫作 Budweis（中文俗称百威镇）。19
世纪布杰约维采镇同时居住着德国人和捷克
人，经济基本被德国人控制，因投票权与公
民财产相关联，尽管捷克人占人口多数，但
镇议会却没有捷克议员。19 世纪后期捷克
人纷纷开始创办企业，1895 年创建了捷克共
同酒厂（Český akciový pivovar, Czech Share
Brewery），1895 年 10 月 1 日生产出第一批
啤酒，1896 年年底产量达到 511 万升，1930
年注册 "Budvar" 商标，1936 年酒厂更名为
百德福酒厂（Budvar—Český akciový pivovar
České Budějovice）。第二次世界大战后酒
厂被收归国有，1967 年重新成立百德福酒
厂（Budějovický Budvar），使用传统商标
"Budvar" 出口啤酒。今天百德福酒厂是硕
果仅存的全捷克资本大型啤酒公司，百德福
啤酒是捷克最畅销的啤酒之一，出口 60 多
个国家，是奥地利销量最大的进口啤酒，是
德国销量第二的进口拉格。

Budějovický Budvar 在中国市场上称
为百德福，在欧洲市场上使用 Budweiser
Budvar，在中国 Budweiser 是美国百威啤酒

▲ 欧洲百德福

商标，它们之间有什么联系吗？ Budweiser
是衍生语，指来自百威镇（Budweis）的人或
者产品，1795 年布杰约维采镇德裔市民创建
了百威市民酒厂（Budweiser Bürgerbräu），
1871 年开始以 Budweiser Bier 为品名向
美国出口啤酒，1895 年捷克共同酒厂同
样以 Budweiser 为品名向美国出口，当时
Budweiser 这个词与 Pilsner 类似，代表百
威镇出产的啤酒，而不是一个商标。

1857 年德国人阿道弗斯·布希来到美
国，1861 年与酒厂老板埃伯哈德·安海斯
的女儿结婚，1870 年代布希到欧洲游历，
学习比尔森酿制方法，1876 年在美国推出
Budweiser 啤酒，两年后将 Budweiser 注
册为商标，1879 年安海斯酒厂更名为安海
斯·布希（Anheuser-Busch）。捷克啤酒
进入美国后，引起 Budweiser 商标使用权
纠纷，1907 年三家公司达成了协议，安海

▲ 原味拉格

▲ 黑色拉格

商标，在英国、爱尔兰和瑞典，两家公司都以 Budweiser 名字销售。产品：①百德福原味拉格（original lager），酒精度 5.0%。②百德福黑色拉格（dark lager），酒精度 4.7%。

7. 黑山
(Černá Hora)

Černá Hora 是捷克语黑山，也译作切尔纳山，是捷克东部布兰斯科地区（Blanensko）风景秀丽的小镇。最早关于黑山啤酒的记载出现在 1298 年，在圣殿骑士团的庆祝仪式上人们饮用了来自黑山的啤酒。16 世纪上半叶，黑山地区是两兄弟

斯·布希在北美使用"Budweiser"商标，而两家捷克酒厂则在欧洲使用。第二次世界大战结束后，捷克德裔人遭驱逐，百威市民酒厂和百德福酒厂被收归国有，市民酒厂被改成萨姆森酒厂（První budějovický pivovar Samson），两家酒厂放弃使用 Budweiser 这一德语名称。1990 年以后，两家酒厂恢复使用 Budweiser，并和安海斯·布希公司（2008年以后的百威英博）展开一系类法律诉讼。2014 年百威英博收购了萨姆森酒厂，现在百德福啤酒在欧洲市场上叫作 Budweiser Budvar，在美国、加拿大、墨西哥、巴西等国以 Czechvar 名字销售，美国百威在欧盟范围内（除英国、爱尔兰和瑞典）以 Bud 为

▲ 黑山

Tas 和 Jaroslav 公爵的共同领地，1530 年在共有财产协议中首次提到了黑山公爵啤酒厂（Černá Hora Baronial Brewery）。此后酒厂所有权不断发生变更，但一直保持着独立地位，1948 年 7 月 20 日并入中央摩拉维亚啤酒集团（Středomoravské pivovary）。1996 年酒厂完成私有化，成立黑山啤酒厂（Pivovar Černá Hora a.s.），2010 年并入洛克维兹啤酒集团（Pivovary Lobkowicz Brewery Group），成为集团 7 个啤酒品牌之一。黑山酒厂坚持采用传统工艺，麦汁在敞开式发酵池中发酵，而后在贮酒罐中后熟，依据酒精度不同，时间从 20 ~ 60 天不等。主要产品：①黄啤酒（TAS），酒精度 4.0%，名字来自 Tas Černohorský，16 世纪黑山地区领主；②小麦白啤酒（VELEN），酒精度 5.0%。③黑啤酒（GRANÁT），酒精度 4.5%。④蜂蜜啤酒（KVASAR），酒精度 5.7%。

四、法国

8. 凯旋 1664
(Kronenbourg 1664)

　　1664 年热罗姆·豪特（Jérôme·Hatt）在法国东北部斯特拉斯堡成立卡农啤酒厂（Brasserie du Canon），因河水经常泛滥，1850 年酒厂搬迁至山坡上的考恩博格（Cronenbourg），1947 年更名为凯旋（Kronenbourg）酒厂。1952 年推出凯旋 1664，成为法国优质拉格的代表，1959 年开始出口，2004 年和 2005 年凯旋 1664 连续两年获得国际啤酒大赛金奖，2006 年推出凯旋 1664 白啤，2008 年凯旋被嘉士伯收购，2012 年成为法国最受欢迎的啤酒，市场占有率达 30% 以上，现在凯旋啤酒行销世界 68 个国家。产品：①凯旋 1664 白啤（Kronenbourg 1664 Blanc），酒精度 4.8%。②凯旋复古啤酒（Millesime），酒精度 6.7%。

◀ 白啤

◀ 复古啤酒

五、西班牙

9. 达姆
(Damm)

为躲避普法战争，1872 年酿酒师奥古斯特·昆泽曼·达姆（August Kuentzmann Damm）离开欧洲中部家乡阿尔萨斯，来到地中海之滨巴塞罗那，1876 年创建达姆啤酒公司（Sociedad Anónima Damm，简写 S.A. Damm），生产适合地中海气候的清淡啤酒，即今天星牌啤酒前身。1905 年在巴塞罗那罗赛罗（Rosello）建设新酒厂，为向欧洲古老的啤酒产地表达敬意，将酒厂取名为波西米亚酒厂（La Bohemia）。1921 年将星星标识注册为商标，称为金星（Estrella Dorada, Estrella 为星星，Dorada 为金色），1940 年前后更名为达姆星（Estrella Damm），1992 年达姆公司成为巴塞罗那奥运会赞助商，2001 年成为巴塞罗那足球俱乐部赞助商。

星牌是西班牙历史最悠久的啤酒品牌，现在是达姆公司旗舰产品，遵照 1876 年原始配方使用大麦芽和大米酿制。达姆酒厂拥有制麦车间，地中海大麦收购后直接运送至酒厂，有百年历史的酵母被严密地保存在巴塞罗那、瓦伦西亚和伦敦。产品：①达姆星比尔森（Estrella Damm），酒精度 4.6%。②达姆新星小麦啤酒（Estrella Damm Inedit），酒精度 4.8%。

达姆星比尔森

达姆新星小麦

10. 伯爵龙海水啤酒
(Er Boquerón)

伯爵龙啤酒的酿造商拉·斯科拉达（La Socarrada）是世界上唯一加工食用级海水的工厂。取自地中海最干净海域之一——西班牙巴伦西亚的海水，经检测合格后进入"微过滤"环节，除去浮游动植物及部分细菌，转入低温杀菌环节，完整保留了海水的矿物质、微量元素和盐分，因此海水啤酒可作为运动后补充体液的饮料。伯爵龙属于淡色艾尔，麦香浓郁，有水果香味及淡淡海水咸味，酒精度4.8%。

六、葡萄牙

11. 超级伯克
(Superbock)

诞生于1927年的超级伯克由葡萄牙尤尼克（Unicer）公司出品，公司总部位于波尔图附近的马托西纽什（Matosinhos），是葡萄牙最大的饮料企业，产品包括啤酒、红酒和软饮料。超级伯克是葡萄牙销量最大的啤酒，出口至多个国家。超级伯克品牌下有多款啤酒，包括淡色拉格（Original，酒精度5.2%）、烈性拉格（Classic）、复古啤酒（Abadia）、世涛（Stout）、果味比尔森（Green）等。

◀ 海水啤酒

◀ 超级伯克

七、意大利

12. 佩罗尼
(Peroni)

1846年佛兰西斯科·佩罗尼（Francesco Peroni）在意大利帕维亚省维杰瓦诺镇（Vigevano）开办佩罗尼啤酒厂（Birra Peroni），1864年在罗马建设新酒厂，1872年将公司总部迁至罗马，经过70多年发展，成为意大利最大啤酒公司。1933年意大利豪华邮轮 SS Rex 号创造了最快穿越大西洋的新纪录，赢得蓝带（Blue Riband）奖，成为意大利的骄傲。1960年代，意大利成为全

◀ 双料麦芽

◀ 佩罗尼全麦

◀ 蓝带地中海

世界商人巨贾和社会名流趋之若鹜之地，意大利创意结合现代工业产生出一大批有影响力的世界名牌。1963年佩罗尼面向热爱意大利时尚的人们首次推出蓝带啤酒（Nastro Azzurro，意大利语蓝带）。2005年重新推出蓝带品牌，在世界最时尚的购物街之一——伦敦斯隆大街（Sloane Street）开设形象展示店，比肩其他意大利时尚品牌，开创啤酒销售新篇章。蓝带是意大利第一啤酒品牌，出口70多个国家，属淡色拉格，使用75%春季播种的优质大麦芽和25%意大利玉米混合酿制，采用捷克萨兹和德国哈勒

陶酒花。产品：①蓝带地中海拉格（Nastro Azzurro），酒精度5.1%。②佩尼罗全麦（Peroni Malto），酒精度4.7%。③双料麦芽（Doppio Malto），酒精度6.6%。

13. 碉堡
(Birra del Borgo)

意大利语 Borgo 是市镇的意思。1991～2004年，酒厂创始人莱昂纳多·文森佐（Leonardo Di Vincenzo）在大学学习生物化学，业余时间酿制啤酒，而后决定专业从事酿酒，开始到欧洲各地游历学习，在英国遇到最感兴趣的啤酒——真正艾尔（real ale）。

◀ 锐艾尔

2005年莱昂纳多在意大利列蒂省博尔戈罗塞（Borgorose）村开办啤酒厂，生产锐艾尔（Re ale）、公爵夫人（Duchessa）和杜卡艾尔（DucAle）等啤酒；2007年在罗马开办伯和福德（Bir and Fud）披萨店，为顾客提供精酿啤酒和披萨搭配的不同体验；2009年和他人合作开办开放巴拉丁罗马（Open Baladin Roma）啤酒屋，作为传播精酿啤酒文化的场所；2011年在纽约曼哈顿中心地带开办拉·比瑞亚精酿酒吧（La Birreria），成为纽约客和旅游者喜爱的地方之一。主要产品：①锐艾尔（Re ale），IPA类型，酒精度6.4%。②锐艾尔加强型（Re ale extra），美国淡色艾尔（American Pale Ale）。③公爵夫人（Duchess saison），季节啤酒。④杜卡艾尔（DucAle），比利时烈性艾尔。

八、荷兰

14. 喜力
(Heineken)

1864年22岁的杰拉德·阿德里安·海尼根（Gerard Adriaan Heineken）买下阿姆斯特丹地区最大酒厂——草堆酒厂（The Haystack），生产上层发酵艾尔。1869年开始生产巴伐利亚拉格，清澈的新啤酒被称为绅士啤酒（Gentleman's Beer），艾尔被

▲ 喜力拉格

Breweries Limited,MBL），即后来的亚太啤酒公司（Asia Pacific Breweries）。1933年美国禁酒令撤销后喜力成为第一个出口至美国的欧洲品牌。第二次世界大战后喜力快速扩张，至1961年在荷兰拥有4家酒厂，在海外24家。1988年通过亚太啤酒在上海成立合资企业——民乐啤酒，2001年更名为上海亚太，1994年在中国海南省投资建厂。2008年联合嘉士伯收购英国苏格兰和纽卡斯尔公司，获得纽卡斯尔棕色艾尔等品牌。经过150年发展，喜力啤酒成为国际化程度最高的品牌，喜力公司成为世界第三大啤酒集团。喜力拉格（Heineken lager），酒精度4.7%。

15. 高圣
(Grolsch)

1615年威勒姆（Willem Neerfeldt）在荷兰东部邻近德国的赫龙洛（Groenlo）创建了高圣酒厂，当时赫龙洛叫作Grollo，荷兰语意为绿色丛林，Grolsch意为来自赫龙洛的，高圣啤酒也被称为来自绿色丛林的啤酒。1676年，酿酒师彼得（Peter Cuyper）改良了啤酒生产过程，加入了第二种酒花，1897年采用独特酒瓶设计，翻转式瓶盖一直延续到今天。2004年新酒厂建成，为保持一贯口味，专门铺设了一条7千米长水管将天然泉水引入新厂区。高圣啤酒是排名在喜力之后的荷兰第二大啤酒商，2008年被SAB米勒集团（SABMiller）收购。最著名的产品是

称为工人艾尔（Workman's Ale）。1870年由于普法战争，荷兰啤酒进口量急剧下降，海尼根的啤酒销量开始飙升，1873年喜力啤酒公司成立（Heineken Breweries，简称HBM），海尼根成为公司首任总裁，酒厂更名为喜力酒厂，停止艾尔生产。1875年喜力在巴黎国际博览会上获得金奖，1880年成为法国销量第一的进口啤酒，1886年艾里恩（Elion）博士分离出"喜力A"酵母菌株，持续使用到今天，1889年获得巴黎世界博览会金奖。1929年开始在印度尼西亚泗水建厂，1931年和星狮集团（Fraser & Neave）合作在新加坡成立马来亚啤酒公司（Malayan

（Jacobsen Brewery）。1835 年 24 岁 的 JC
雅各布森（Jacob Christian Jacobsen）接管
酒厂，1836 年到汉堡学习酿酒，随后建设小
型车间试生产巴伐利亚拉格。

1845 年 JC 雅各布森从慕尼黑狮百腾
酒厂获得下层酵母，同年冬天生产出首批巴
伐利亚拉格，1847 年在哥本哈根郊外小山
上建成丹麦首家巴伐利亚拉格酒厂，用儿子
Carl 的名字将酒厂命名为 Carlsberg（berg，
山）。1847 年 11 月 10 日第一批嘉士伯拉格
（Carlsberg Lager Beer）上市销售，大获成

优质拉格（Premium Lager，酒精度 5.0%），
主要海外市场是英国、美国、加拿大等，同
时还生产阿姆斯特丹品牌（Amsterdam）烈
性拉格在欧洲销售。

◀ 嘉士伯冰纯

九、丹麦

16. 嘉士伯
(Carlsberg)

　　1826年克里斯蒂安·雅各布森（Christen
Jacobsen）在哥本哈根创建雅各布森酒厂

功。1873 年在维也纳国际博览会上，嘉士伯获得金奖。1883 年汉森博士在嘉士伯实验室发明了酵母分离技术，培养出纯种嘉士伯酵母（Carlsberg yeast, Saccharomyces Carlsbergensis），随后将该项技术公布于众，并将嘉士伯酵母与世界各地酒厂分享。1903 年嘉士伯和乐堡联合酿酒公司（Tuborg's United Breweries）签署有效期 100 年的合作协议，约定双方共享收益，共担损失，在新建设的酒厂中享有同等权益。1954 年嘉士伯首次在海外实现玻璃瓶分装，1966 年首次授权海外酒厂生产嘉士伯，1968 年首个海外嘉士伯工厂在马拉维建成，1970 年嘉士伯和乐堡正式合并，1974 年嘉士伯英国酒厂建成，1981 年香港酒厂建成。2008 年和喜力联手收购苏格兰和纽卡斯尔公司，成为其历史上最大的收购案，获得俄罗斯波罗的海啤酒和法国凯旋啤酒全部资产，获得中国重庆啤酒部分权益。今天嘉士伯公司位列世界第四大啤酒集团。产品：①嘉士伯冰纯拉格（Carlsberg Chill），酒精度 4.0%；②乐堡啤酒（Tuborg Green），酒精度 3.1%。

乐堡

参考文献
References

(1) 关苑，童凌风，童忠东 . 啤酒生产工艺与技术 . 北京：化学工业出版社，2014.

(2) 周茂辉 . 啤酒之河：5000 年啤酒文化历史 . 北京：轻工业出版社，2007.

(3) 郭营新，周茂辉，周世水 . 啤酒十问 . 广州：华南理工大学出版社，2015.

(4) 炎空 . 啤酒江湖——中国啤酒行业的前世今生 . 上海：上海交通大学出版社，2015.

(5) 谢馨仪 . 精酿啤酒赏味志 . 北京：光明日报出版社，2014.

(6) 高岩 . 喝自己酿的啤酒 . 郑州：中原出版传媒集团，2011.

(7)[日] 饭田草 . 你所不了解的英国 . 田静译 . 北京：新世界出版社，2014.

(8)[美] 兰迪 · 穆沙 . 啤酒圣经：世界伟大饮品的专业指南 . 高宏，王志欣译 . 北京：机械工业出版社，2014.

(9)[英]Pete Brown. Hops And Glory.London:Pan books,2010.

(10)[英]Pete Brown. Man walks Into a Pub. London:Pan books,2010.

(11)[英]Michael Jackson. Great Beers of Belgium.Brewers Publications, 2008.

(12)[美]Terry Foster. Pale Ale. Brewers Publications, 1999.

(13)[美]Terry Foster. Porter. Brewers Publications, 1992.

(14)[美]Michael J.Lewis. Stout. Brewers Publications, 1995.

(15)http://www.ratebeer.com

(16)http://www.beeradvocate.com

(17)https://www.brewersassociation.org

(18)http://www.craftbeer.com

(19)https://www.xn--mnchshof-n4a.de/en/home.html

(20)http://www.erdinger.de

(21)http://www.palm.be

(22)http://www.delirium.be

(23)http://www.bitburger-international.com

(24)http://www.anheuser-busch.com/